ChatGPT辅助Web开发
——AI辅助Django框架下的Python Web项目设计、前端、后端、接口、测试
（视频·案例）

曹鉴华　编著

中国水利水电出版社
www.waterpub.com.cn
·北京·

内 容 提 要

AI时代不期而至，如何使用AI辅助让我们的工作更简便呢？《ChatGPT辅助Web开发——AI辅助Django框架下的Python Web项目设计、前端、后端、接口、测试（视频·案例）》可以帮助AI时代的程序员解决一些困扰。书中介绍了Python Web开发Django框架的基础知识、开发技巧和项目实战，ChatGPT在整个Web应用系统开发过程中的使用方法，并演示了AI如何助力Web应用系统开发，从而提升系统开发效率。

本书整体结构包括基础篇和实战篇。基础篇包括ChatGPT基础、Python Web应用系统开发基础、Python Django框架开发基础和Python Django框架开发进阶；实战篇以ChatGPT辅助Django框架开发博客系统为例，介绍ChatGPT辅助进行项目设计、后端管理系统开发、前端功能模块开发、后端API接口开发和测试部署。通过学习本书，读者既可以学习和积累Django框架的应用知识和技巧，又可以进一步认识和熟悉如何使用ChatGPT来助力软件开发，从而成为AI时代的程序员。

本书适合对ChatGPT和Python Django框架开发感兴趣的Web开发人员阅读，也可用作培训机构和大中专院校相关专业的教学参考书。

图书在版编目（CIP）数据

ChatGPT 辅助 Web 开发：AI 辅助 Django 框架下的
Python Web 项目设计、前端、后端、接口、测试：视频·
案例 / 曹鉴华编著. -- 北京：中国水利水电出版社，
2025.6. -- ISBN 978-7-5226-2883-7

Ⅰ. TP393.092.2

中国国家版本馆 CIP 数据核字第 2024VW9270 号

书　　名	ChatGPT 辅助 Web 开发——AI 辅助 Django 框架下的 Python Web 项目设计、前端、后端、接口、测试（视频·案例） ChatGPT FUZHU Web KAIFA — AI FUZHU Django KUANGJIA XIA DE Python Web XIANGMU SHEJI, QIANDUAN, HOUDUAN, JIEKOU, CESHI (SHIPIN · ANLI)
作　　者	曹鉴华　编著
出版发行	中国水利水电出版社 （北京市海淀区玉渊潭南路 1 号 D 座　100038） 网址：www.waterpub.com.cn E-mail：zhiboshangshu@163.com 电话：（010）62572966-2205/2266/2201（营销中心）
经　　售	北京科水图书销售有限公司 电话：（010）68545874、63202643 全国各地新华书店和相关出版物销售网点
排　　版	北京智博尚书文化传媒有限公司
印　　刷	北京富博印刷有限公司
规　　格	185mm×260mm　16 开本　13.75 印张　388 千字
版　　次	2025 年 6 月第 1 版　2025 年 6 月第 1 次印刷
印　　数	0001—2000 册
定　　价	79.00 元

凡购买我社图书，如有缺页、倒页、脱页的，本社营销中心负责调换

版权所有·侵权必究

前　言

2023年，全球科技领域最令人关注的一件事就是美国OpenAI公司推出了AI（Artificial Intelligence，人工智能）聊天软件ChatGPT。实际上ChatGPT是在2022年年末发布的，但当其版本升级到3.5后，就立即风靡了全球，各行各业都开始探讨如何使用ChatGPT助力加速自身发展。国内外一些有实力的公司也加大投入研发LLM（Large Language Model，大语言模型），并推出自己的AIGC（Artificial Intelligence Generated Content，人工智能生成内容）程序。有人甚至定义2023年为AI时代的元年。生活在这个AI时代，我们既是幸运的，也是困惑的。幸运在于可以充分领略AI带来的科技变革，任何问题都可以直接问AI程序，让AI来帮助我们做许多事情；困惑在于许多原有认识世界的方式都需要重新改变，如何使用各类AIGC程序来助力加速既有应用都需要去探索。

程序开发是一件非常复杂、挑战性高的工作。程序开发需要项目人员将用户的各种需求通过代码来实现，并且还要对代码进行不断的补充优化调整。程序开发除了要编写代码，还包括需求分析、系统设计、数据库设计、前后端开发、测试部署等多个任务。这些任务往往需要一个团队才能完成。

现在有了ChatGPT这类AI工具，程序开发将变得有趣且高效。在Web应用系统开发方面，使用AI工具可以大大提高开发效率和质量。通过向ChatGPT提供明确的提示词，开发人员可以获得准确的参考答案和建议，从而快速生成需求文档、项目架构设计甚至代码片段。这样的工作方式使得开发人员可以将更多的精力放在业务理解和逻辑组织上，而不是编写重复的代码。

Python在Web开发方面拥有丰富的生态系统和成熟的应用，特别是Django框架作为Python Web开发的主流框架之一，被广泛认可并得到应用。不少知名的网站都是基于Django框架创建的。Django框架具有独特的MTV架构设计模式、模板引擎语法，自带强大的Admin后端管理系统，而且具有非常成熟的开发者社区，是选择Python语言进行Web系统开发的首选。现在借助ChatGPT这样的AI工具，开发团队可以更加高效地利用Django框架进行Web应用系统开发，快速实现项目的各个环节，加速项目上线和迭代。

本书选择了Python Django框架和ChatGPT工具两个关键词来组织内容。其中，Django框架的Web应用系统开发为核心主题；ChatGPT为核心工具。考虑读者在Web应用系统开发方面的水平可能存在差异，本书在基础篇为初学者既准备了Python Web应用系统开发必备的基础知识，又准备了Python Django框架开发基础和进阶知识。在实战篇则以一个经典的博客系统平台开发为案例，按照系统开发流程规范，从需求分析、系统架构设计、代码开发、功能实现到测试部署，阶段展开了详细介绍。当然在所有的环节都嵌入了ChatGPT的使用。有了ChatGPT，只要给出准确清晰的提示词，就可以得到满意的参考答案。因此在本书的第1章为读者准备了ChatGPT基础，并在后续的Django框架开发实践和案例实战篇的每个小任务中都给出了提示词模板供读者参考。这些提示词模板为高效完成项目开发奠定了坚实的基础。

阅读指南

基础篇

本篇包括ChatGPT基础、Python Web应用系统开发基础、Python Django框架开发基础和Python Django框架开发进阶。

第1章　ChatGPT基础。包括认识ChatGPT、ChatGPT基本使用方法、ChatGPT助力程序开发和国内同类产品简介。

第2章　Python Web应用系统开发基础。包括Web应用系统开发概述、前后端开发技术、Python Web主流开发框架和Web应用系统部署。

第3章　Python Django框架开发基础。包括Django框架概述、Django框架的核心组件、开发环境准备、创建第一个Django项目和第一个Django项目应用开发。

第4章　Python Django框架开发进阶。包括Django框架视图模板引擎、Django框架数据模型、Django框架路由配置、Admin后端管理系统、Django Rest Framework API开发和Django项目测试部署。

实战篇

本篇以基于Django框架完成一个博客系统项目为例，包括项目设计、后端管理系统开发、前端功能模块开发、后端API接口开发和测试部署。

第5章　ChatGPT辅助Django博客系统项目设计。包括博客系统概述、ChatGPT辅助编写需求分析文档和ChatGPT辅助系统架构设计。

第6章　ChatGPT辅助Django博客系统后端管理系统开发。包括博客系统开发环境准备和Admin后端管理系统开发。

第7章　ChatGPT辅助Django博客系统前端功能模块开发。包括前端博客系统首页功能开发、前端博文详情页面开发、前端用户注册登录开发、前端用户个人中心开发和前端博文评论功能开发。

第8章　ChatGPT辅助Django博客系统后端API接口开发。包括权限认证设置、用户管理API接口实现和博文管理API接口实现。

第9章　ChatGPT辅助Django博客系统测试部署。包括博客系统项目测试和博客系统项目部署上线。

特别说明

本书实战篇的部分代码可以使用微信关注下方公众号，并回复关键词（chatgpt+django）获取。部分视频内容可以关注下方抖音号观看。

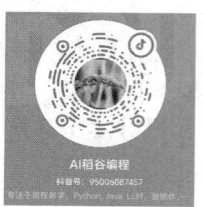

为方便读者学习，笔者在书中给出了完成博客系统案例每个阶段的提示词供参考。这些提示词既可以在ChatGPT中使用，也可以在文心一言、通义千问等国内大模型产品中使用。需要注意的是，由于ChatGPT以及上述国内对话聊天程序都属于AIGC产品，即生成式输出，输入相同的提示词可能会产生不同的输出结果。因此，为获得更准确的答案，一方面需要熟悉ChatGPT的对话方式，尤其是提示词的组织；另一方面需要程序人员不断积累经验，提高自身的技术水平。

由于作者水平有限，书中难免会有所遗漏，同时部分内容所述也未必精确，恳请广大读者批评指正。若读者朋友们在阅读本书的过程中发现问题，希望能及时与我们联系，我们将及时修正错误并表示衷心的感谢。邮件地址：caojh@tust.edu.cu。

作者
2025年3月

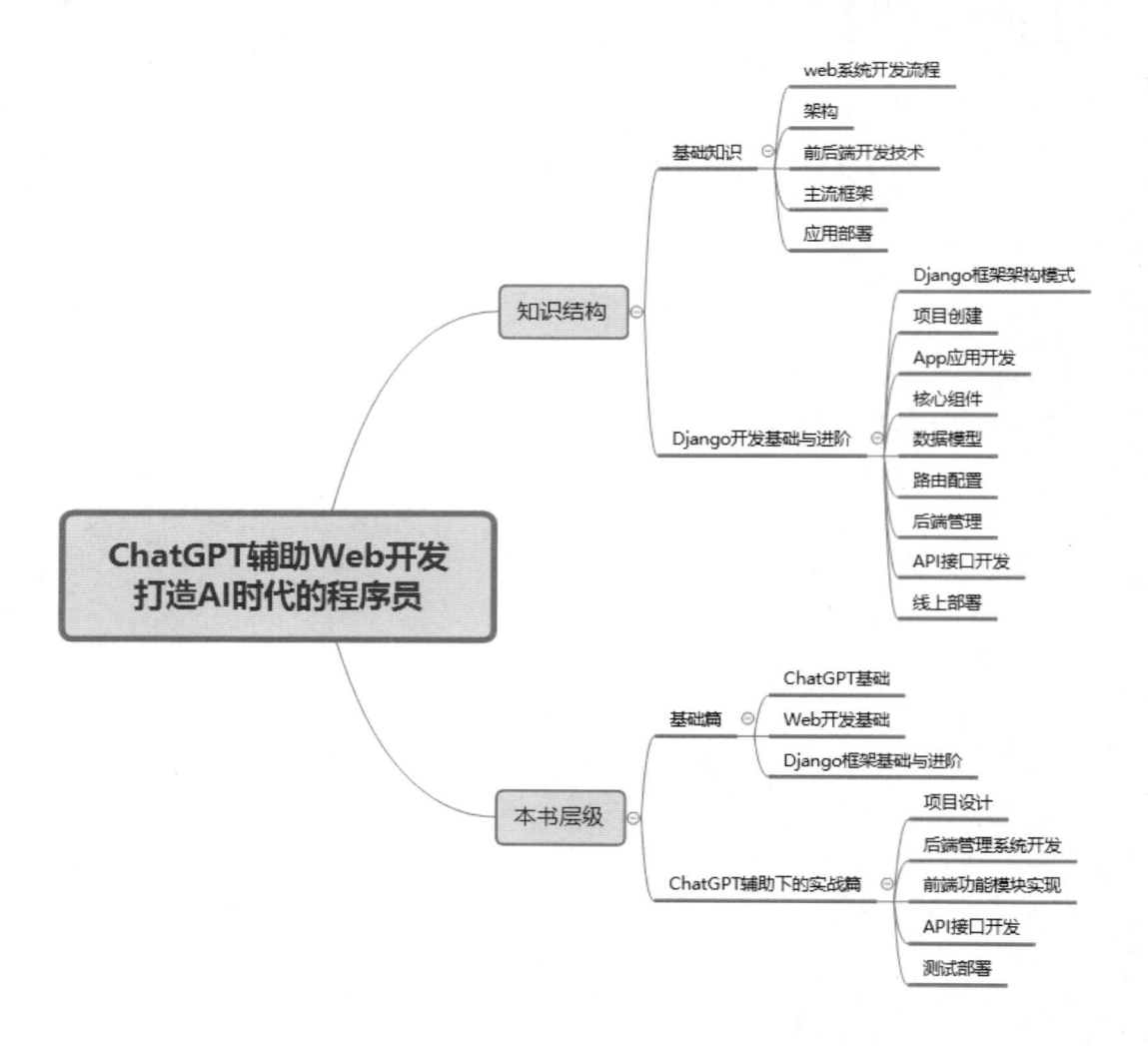

```
ChatGPT辅助Web开发
打造AI时代的程序员
├── 知识结构
│   ├── 基础知识
│   │   ├── web系统开发流程
│   │   ├── 架构
│   │   ├── 前后端开发技术
│   │   ├── 主流框架
│   │   └── 应用部署
│   └── Django开发基础与进阶
│       ├── Django框架架构模式
│       ├── 项目创建
│       ├── App应用开发
│       ├── 核心组件
│       ├── 数据模型
│       ├── 路由配置
│       ├── 后端管理
│       ├── API接口开发
│       └── 线上部署
└── 本书层级
    ├── 基础篇
    │   ├── ChatGPT基础
    │   ├── Web开发基础
    │   └── Django框架基础与进阶
    └── ChatGPT辅助下的实战篇
        ├── 项目设计
        ├── 后端管理系统开发
        ├── 前端功能模块实现
        ├── API接口开发
        └── 测试部署
```

目　　录

基　础　篇

第 1 章　ChatGPT 基础 002
- 1.1　认识 ChatGPT 003
  - 1.1.1　ChatGPT 简介 003
  - 1.1.2　ChatGPT 的注册和登录 003
  - 1.1.3　ChatGPT 快速体验 005
- 1.2　ChatGPT 基本使用方法 005
  - 1.2.1　通用提示词 006
  - 1.2.2　OpenAI API 接口 009
- 1.3　ChatGPT 助力程序开发 009
  - 1.3.1　代码片段生成 010
  - 1.3.2　代码检查和优化 015
  - 1.3.3　技术文档生成 016
  - 1.3.4　AI 编程插件 017
- 1.4　国内同类产品简介 018
  - 1.4.1　百度文心一言 019
  - 1.4.2　阿里通义千问 019
  - 1.4.3　科大讯飞星火大模型 020
- 1.5　小结 021

第 2 章　Python Web 应用系统开发基础 022
- 2.1　Web 应用系统开发概述 023
  - 2.1.1　Web 开发技术的演进 023
  - 2.1.2　Web 应用系统的开发流程 024
  - 2.1.3　Web 应用系统的架构 024
  - 2.1.4　HTTP 协议 025
- 2.2　前后端开发技术 025
  - 2.2.1　前端（客户端）................... 026
  - 2.2.2　后端（服务器端）............... 028
  - 2.2.3　前后端交互 029
- 2.3　Python Web 主流开发框架 030
  - 2.3.1　Django 框架 030
  - 2.3.2　Flask 框架 030
  - 2.3.3　FastAPI 框架 031
  - 2.3.4　Tornado 框架 032
- 2.4　Web 应用系统部署 032
  - 2.4.1　部署服务器准备 032
  - 2.4.2　部署 Web 应用系统 034
  - 2.4.3　运营维护 035
- 2.5　小结 035

第 3 章　Python Django 框架开发基础 036
- 3.1　Django 框架概述 037
  - 3.1.1　Django 框架的起源与设计哲学 037
  - 3.1.2　Django 框架 MTV 设计模式 037
  - 3.1.3　Django 框架的 Admin 后端管理系统 ... 038
- 3.2　Django 框架的核心组件 038
  - 3.2.1　核心组件之 Model 038
  - 3.2.2　核心组件之 Template 039
  - 3.2.3　核心组件之 View 040
  - 3.2.4　核心组件之 URL 040
  - 3.2.5　Django 框架的工作流程 041
- 3.3　开发环境准备 042
  - 3.3.1　Python 版本的选择 042
  - 3.3.2　Python 集成开发环境 042
  - 3.3.3　数据库的配置 044
- 3.4　创建第一个 Django 项目 048

3.4.1 安装 Django 库 048
3.4.2 创建 Django 项目 049
3.4.3 项目结构介绍 049
3.4.4 启动 Django 服务 050
3.5 第一个 Django 项目应用开发 051
3.5.1 创建 App 应用 051
3.5.2 创建应用的 Model 模型 052
3.5.3 初试 Admin 后端 054
3.5.4 前端视图模板开发 057
3.5.5 前端 URL 路由配置 060
3.5.6 前端页面 CSS 样式美化 061
3.5.7 静态资源文件管理 063
3.6 小结 066

第 4 章 Python Django 框架开发进阶ffff...... 067

4.1 Django 框架视图模板引擎 068
4.1.1 Django 模板引擎简介 068
4.1.2 Django 模板语法概述 068
4.1.3 在 Django 视图中使用模板引擎 070
4.1.4 Django 通用视图类 071
4.1.5 Django 视图响应 073
4.2 Django 框架数据模型 074
4.2.1 定义数据模型 074
4.2.2 字段类型 075
4.2.3 模型关系 075
4.2.4 数据库迁移 076
4.2.5 模型的查询与操作 076
4.3 Django 框架路由配置 079
4.3.1 路由配置的基本概念 079
4.3.2 在视图模板中使用路由 080
4.4 Admin 后端管理系统 080
4.4.1 用户权限认证 080
4.4.2 Admin 后端管理系统的自定义功能 082
4.4.3 Admin 后端管理系统的高级功能 ... 083
4.4.4 Admin 后端管理系统的显示美化 ... 084
4.5 Django Rest Framework API 开发 086
4.5.1 Restful API 概述 086
4.5.2 Django Rest Framework 简介 088

4.5.3 DRF API 开发示例 091
4.6 Django 项目测试部署 099
4.6.1 项目测试 099
4.6.2 云服务器部署环境的准备 100
4.6.3 Django 项目的部署实施 102
4.7 小结 106

实 战 篇

第 5 章 ChatGPT 辅助 Django 博客系统项目设计 108

5.1 博客系统概述 109
5.1.1 博客系统简介 109
5.1.2 开源博客系统 110
5.1.3 案例实现效果 110
5.2 ChatGPT 辅助编写需求分析文档 112
5.2.1 项目需求分析 112
5.2.2 功能需求导图 113
5.3 ChatGPT 辅助系统架构设计 115
5.3.1 系统架构设计 115
5.3.2 PlantUML 架构图 115
5.3.3 博客系统的总体架构设计 116
5.4 小结 117

第 6 章 ChatGPT 辅助 Django 博客系统后端管理系统开发ffff... 118

6.1 博客系统开发环境准备 119
6.1.1 项目创建 119
6.1.2 全局设置 119
6.1.3 数据库设置 121
6.2 Admin 后端管理系统开发 122
6.2.1 后端用户管理模块开发 122
6.2.2 后端博文管理模块开发 125
6.3 小结 129

第 7 章 ChatGPT 辅助 Django 博客系统前端功能模块开发ffff... 130

7.1 前端博客系统首页功能开发 131
7.1.1 任务需求 131

7.1.2 博客系统首页UI设计 131
7.1.3 博客系统首页博文列表显示 135
7.1.4 博客系统首页博文分页实现 137
7.1.5 首页右侧边栏功能模板开发 139
7.1.6 博客系统首页检索功能实现 145

7.2 前端博文详情页面开发 147
7.2.1 任务需求 148
7.2.2 博文详情视图函数编写 149
7.2.3 博文详情模板显示优化 150

7.3 前端用户注册登录开发 151
7.3.1 任务需求 151
7.3.2 前端模板用户注册登录模态框实现 152
7.3.3 后端注册登录视图处理 155
7.3.4 博客系统保存用户会话 156
7.3.5 博客系统前端用户退出开发 157

7.4 前端用户个人中心开发 159
7.4.1 任务需求 159
7.4.2 用户个人中心UI设计 159
7.4.3 用户个人中心博文列表实现 161
7.4.4 用户个人中心发布新博文开发 162
7.4.5 修改博文和删除博文 166

7.5 前端博文评论功能开发 169
7.5.1 任务需求 169
7.5.2 评论区UI设计 170
7.5.3 博文评论功能实现 172

7.6 小结 174

第8章 ChatGPT 辅助 Django 博客系统后端 API 接口开发 ... 175

8.1 权限认证设置 176
8.1.1 JWT Token认证技术 176
8.1.2 基于JWT Token技术的权限认证 ... 176
8.1.3 API接口开发准备 177

8.2 用户管理API接口实现 178
8.2.1 用户注册接口 178
8.2.2 用户登录接口 180
8.2.3 用户退出接口 181

8.3 博文管理API接口实现 181
8.3.1 博文显示接口 182
8.3.2 博文管理接口 184
8.3.3 博文点评管理 188

8.4 小结 190

第9章 ChatGPT 辅助 Django 博客系统测试部署 191

9.1 博客系统项目测试 192
9.1.1 软件项目测试概述 192
9.1.2 博客系统功能测试 192

9.2 博客系统项目部署上线 198
9.2.1 云服务器环境准备 198
9.2.2 项目代码git管理 200
9.2.3 项目配置修改及模型迁移 203
9.2.4 项目部署上线 205

9.3 小结 207

基　础　篇

第 1 章

ChatGPT 基础

ChatGPT 是 AI 聊天应用程序，如果用户使用 ChatGPT 向其中输入问题，就会有内容输出。这个问题也称为提示词。提示词内容组织得好，就可以产生令人满意的答案。对于程序开发人员来说，好的需求分析提示词会产生合理优化的代码段，从而大大提升开发效率。因此，在进入 Web 应用系统开发之前，先了解一下 ChatGPT 基础。

1.1 认识ChatGPT

1.1.1 ChatGPT 简介

ChatGPT全称为"Chat Generative Pre-trained Transformer",Chat是聊天,GPT是"生成型预训练变换模型",可以翻译为"聊天生成预训练转换器"或简称"优化对话的语言模型"。它由美国OpenAI公司开发,2022年年末上线后立即引起全球关注,不到两个月的时间用户已超1个亿。

由于在训练时使用了人类海量的文本数据,因此ChatGPT几乎通晓了人类古今所有的知识。从最新的OpenAI发布新闻来看,ChatGPT还可以识别图像、声音、视频等,具有多模态数据的理解和生成能力。

作为一款建立在云计算、海量数据库、AI算法架构和深度神经网络基础之上开发的聊天机器人程序,ChatGPT具有自然语言理解、文本生成、对话生成等功能,可以实现自动回复、聊天机器人、智能语音助手、知识问答系统、自然语言生成、图像视频理解等应用。

1.1.2 ChatGPT 的注册和登录

在使用ChatGPT之前,需要在OpenAI官网上对其进行注册。如图1-1所示,在OpenAI官网首页的右上角找到Try ChatGPT链接,单击该链接,进入ChatGPT的注册和登录页面,如图1-2所示。

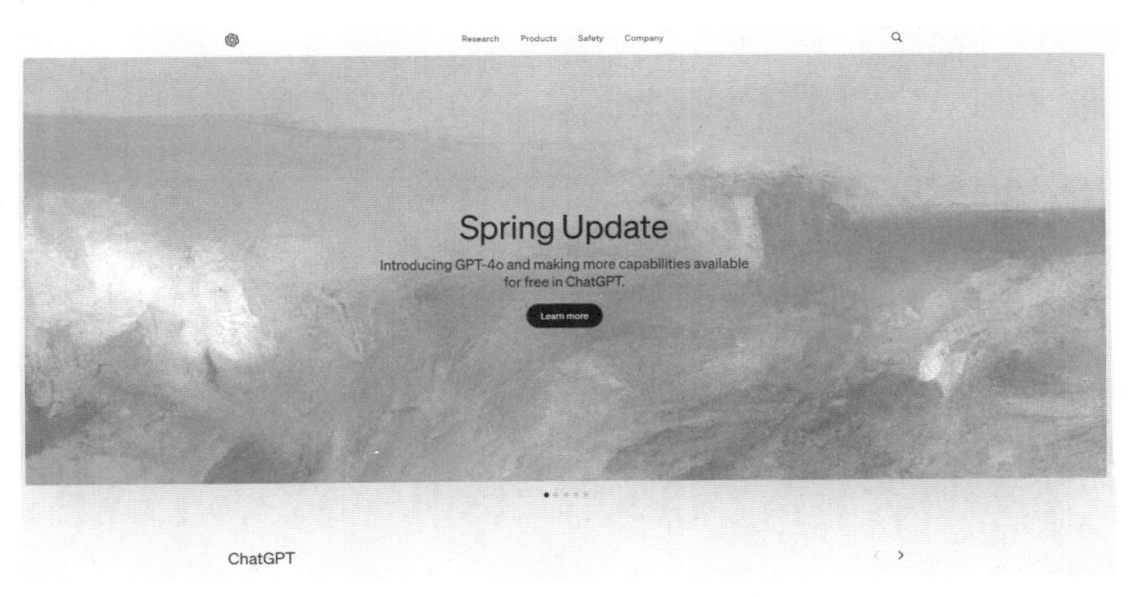

图1-1　OpenAI官网首页

图1-2　ChatGPT的注册和登录页面

在图1-2中单击Sign up按钮，进入ChatGPT注册输入邮箱页面，如图1-3所示。在该页面上输入有效的电子邮件地址，然后单击"继续"（Continue）按钮，页面提示进入邮箱去完成验证。通过邮箱验证之后，还需要提供一些必要的信息，即需要允许地区的手机验证，读者按照提示一步步完成即可。

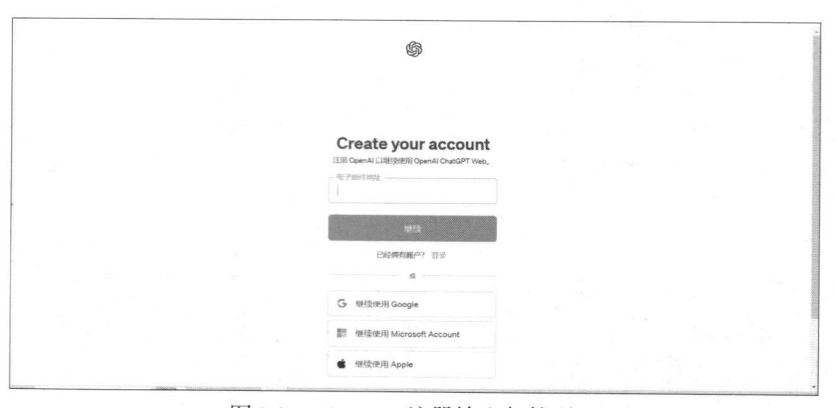

图1-3　ChatGPT注册输入邮箱页面

如果已经有ChatGPT账号，可以在图1-2中单击Log in按钮，进入ChatGPT登录页面，如图1-4所示。输入注册过的电子邮件地址即可完成登录。如果读者有微软账号、谷歌账号或者苹果账户，建议直接使用这些账号注册和登录。

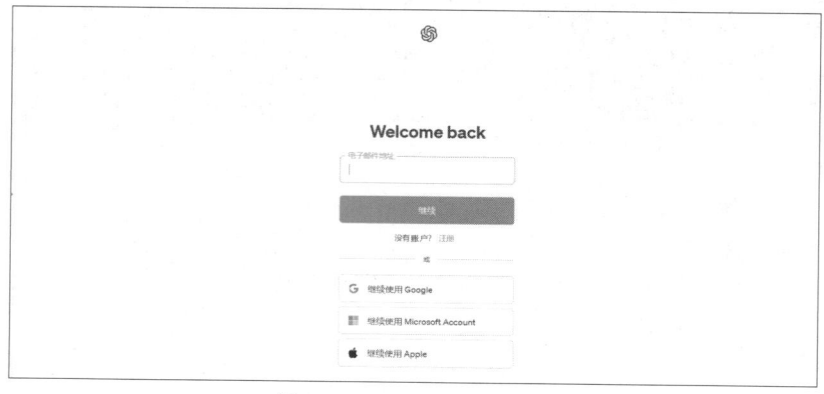

图1-4　ChatGPT登录页面

1.1.3 ChatGPT 快速体验

ChatGPT注册登录成功之后，就可以进入ChatGPT应用界面了，如图1-5所示。

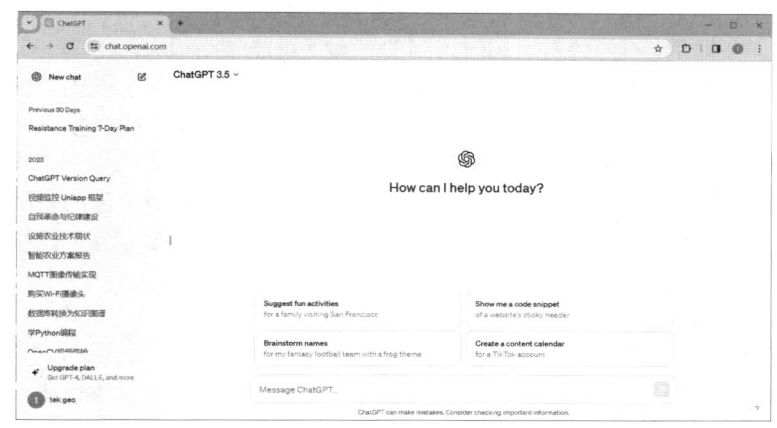

图1-5 ChatGPT应用界面

在Message ChatGPT输入框区域输入相关的问题，然后单击发送按钮 或直接按Enter键发送消息，等待ChatGPT返回结果即可。

如图1-6所示为输入"请介绍一下ChatGPT"的返回结果。

图1-6 ChatGPT对话消息测试

1.2 ChatGPT基本使用方法

对于大多数人而言，使用ChatGPT的方法就是输入问题，然后等待ChatGPT反馈答案。这个输入的问题也称为引导词（Prompt）或提示词。由于好的提示词会让ChatGPT产生更准确的答案，因此掌握提示词的使用技巧有助于更好地使用ChatGPT。而且由于GPT大模型的普及，研究如何更准确地与模型交互已经成为了一门新的学科Prompt Engineering，即提示词工程。

1.2.1 通用提示词

提示词就是使用大语言模型（如ChatGPT）时提供的一个具体命令，或者一个具体问题。大语言模型根据命令或问题生成相应的答案。使用同一个模型时，不同的问题输入会产生不同的反馈输出，也就是给定不同的提示词时得到的答案很可能差距很大。

对于提示词的使用技巧有不少的参考资源，OpenAI也在其官网上提供了使用ChatGPT的提示词教程和实战指南，读者可以直接将这些教程下载到本地查阅。这里摘录一些该教程中提供的容易理解也非常实用的策略。

（1）明确的指示。使用清晰的问题或指令，让ChatGPT更容易理解你的意图。请确保在请求中提供任何重要的细节或背景，以获取高度相关的回复。模型需要猜测的越少，就越有可能得到正确的答案。

ChatGPT，提示词模板：

☒我想做一个机器学习项目，有什么建议吗？

☑我是一名初学者，想做一个关于自然语言处理的机器学习项目，有没有推荐的数据集或者学习资源？

ChatGPT提示词模板示例如图1-7所示。

> **You**
> 我是一名初学者，想做一个关于自然语言处理的机器学习项目，有没有推荐的数据集或者学习资源？
>
> **ChatGPT**
> 当你想要开始一个自然语言处理（NLP）的机器学习项目时，以下是一些推荐的数据集和学习资源：
>
> **数据集：**
> 1. **IMDb电影评论数据集**：这个数据集包含了来自IMDb网站的电影评论，标注为积极或消极情感，可用于情感分析任务。
> 2. **AG News数据集**：这是一个包含了来自新闻网站的新闻文章的数据集，分为四个类别（世界、体育、科技和商业），可用于文本分类任务。
> 3. **Twitter情感分析数据集**：这个数据集包含了来自Twitter的推文，标注为积极、消极或中性情感，可用于情感分析和文本分类任务。
> 4. **Spam邮件数据集**：这是一个包含了垃圾邮件和非垃圾邮件的数据集，可用于垃圾邮件检测任务。
> 5. **Stanford情感树库（Stanford Sentiment Treebank）**：这个数据集包含了电影评论，每个评论都有一个情感标签，并且具有详细的情感树结构，可用于情感分析和句法分析任务。
>
> **学习资源：**
> 1. **自然语言处理书籍**：有一些经典的书籍涵盖了自然语言处理领域的基础知识和技术，比如《自然语言处理入门》（Introduction to Natural Language Processing）和《自然语言处理与深度学习》（Natural Language Processing with Deep Learning）等。
> 2. **在线课程**：许多在线学习平台（如Coursera、Udacity、edX等）提供了专门针对自然语言处理的课程，包括基础知识和实践项目，可以跟随这些课程学习相关知识和技能。
> 3. **GitHub上的开源项目**：GitHub等代码托管平台上有许多开源的自然语言处理项目和示例代码，可以参考这些项目来学习和借鉴实践经验。
> 4. **NLTK库**：NLTK（Natural Language Toolkit）是一个用于自然语言处理的Python库，提供了丰富的工具和资源，可以用于学习和实践自然语言处理任务。
> 5. **Kaggle竞赛**：Kaggle是一个数据科学竞赛平台，上面有许多与自然语言处理相关的竞赛项目，可以参与这些竞赛来锻炼实践能力。
>
> 通过使用上述数据集和学习资源，你可以开始你的自然语言处理项目，并逐步提升你的技能和理解。记得保持好奇心和持续学习的态度，祝你成功！

图1-7　ChatGPT提示词模板示例(1)

（2）加入特定的角色。要求模型扮演一个人设，如作家、工程师、供应商、学生、教师等。从人的角度来看，不同的角色思考问题的角度是有区别的，或者说关注的领域是不一样的，因此如果设定特定的角色，会输出更符合需求的答案。

ChatGPT提示词模板：

☑我是一名教计算机编程的老师，讲解一下用Python语言写一个输出为hello world的程序案例。

ChatGPT提示词模板示例如图1-8所示。

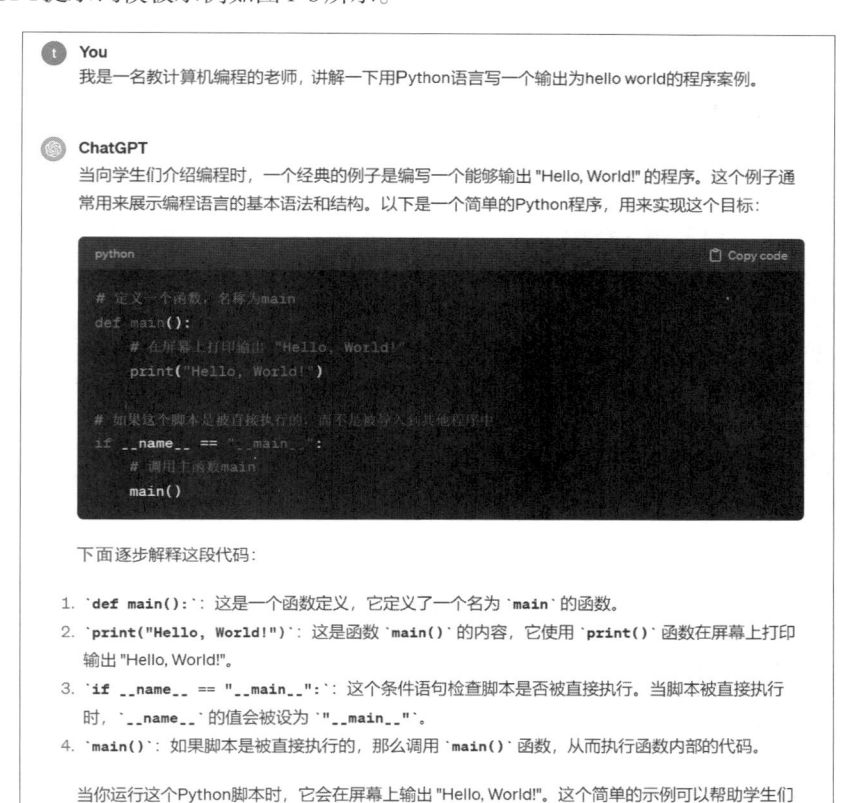

图1-8　ChatGPT提示词模板示例（2）

（3）使用分隔符清楚地指示输入的不同部分。使用三重引号、XML标签、章节标题等分隔符可以帮助划分文本的不同部分，便于ChatGPT更好地理解，以便进行不同的处理。

常见的分隔符：三重引号（""" 内容 """）；XML标签:（<article> 内容 </article>）。

对于简单的内容，有分隔符和没有分隔符，得到的结果可能差别不大。但是，任务越复杂，消除任务的歧义就越重要。ChatGPT是为用户生成内容的，不要把它的算力浪费在理解用户输入的内容上。

ChatGPT提示词模板：

用俳句总结由三重引号分隔的文本。例如，"""在此插入文本"""。

ChatGPT提示词模板示例如图1-9所示。

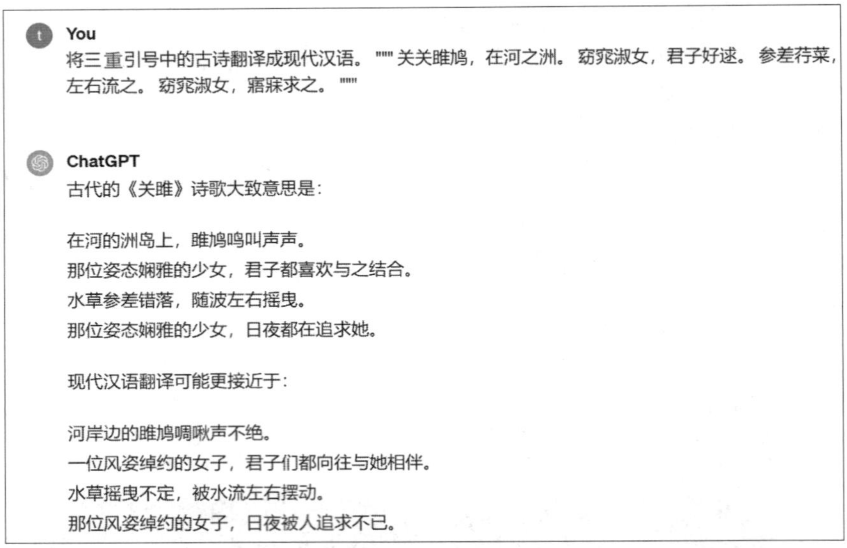

```
You
将三重引号中的古诗翻译成现代汉语。""" 关关雎鸠，在河之洲。窈窕淑女，君子好逑。参差荇菜，
左右流之。窈窕淑女，寤寐求之。"""

ChatGPT
古代的《关雎》诗歌大致意思是：

在河的洲岛上，雎鸠鸣叫声声。
那位姿态娴雅的少女，君子都喜欢与之结合。
水草参差错落，随波左右摇曳。
那位姿态娴雅的少女，日夜都在追求她。

现代汉语翻译可能更接近于：

河岸边的雎鸠啁啾声不绝。
一位风姿绰约的女子，君子们都向往与她相伴。
水草摇曳不定，被水流左右摆动。
那位风姿绰约的女子，日夜被人追求不已。
```

图1-9　ChatGPT提示词模板示例（3）

（4）明确指定完成任务的步骤。有些任务需要多个步骤完成，如果想使用ChatGPT得到理想的输出，建议将这些步骤明确写出，模型就可以根据要求一步一步给出答案。

拆分任务提示词模板：

请按照下面的步骤反转给定的单词。

将单词拆分为一个个的字母；

将上面的字母倒序输出；

将字母拼接起来。

例如，将apple先拆分为a,p,p,l,e，然后倒序输出为e,l,p,p,a，最后拼接起来为elppa；给定的单词如下，输出中间过程和结果。

（5）提供样例或参考文本。通常来说，提供适用于所有示例的通用指导要比通过示例演示任务的所有排列组合更高效，但在某些情况下，提供示例可能更容易。

如果你有一段关于气候变化的文章，并希望模型使用这篇文章的信息来回答问题，就可以这样提问："根据以下关于气候变化的文章，全球变暖的主要原因是什么？"然后附上文章的内容。

如果你有一份报告，并希望模型使用报告中的数据来回答问题，就可以这样提问："根据以下的年度销售报告，我们最畅销的产品是什么？"然后附上报告的内容。

如果你有一段法律条款，并希望模型使用这段条款来解释某个概念，就可以这样提问："根据以下的法律条款，什么是知识产权？"然后附上法律条款的内容。

（6）给出输出的目标长度。可以要求模型生成给定目标长度的输出。目标输出长度可以根据词语、句子、段落、列表项等进行指定。但请注意，指示模型生成特定数量的词语不具有高精度。模型可以更可靠地生成具有特定数量的段落或列表项的输出。

ChatGPT提示词模板：

☑写一份阅读《红楼梦》小说的报告，要求至少100字，但不超过500字。

ChatGPT提示词模板示例如图1-10所示。

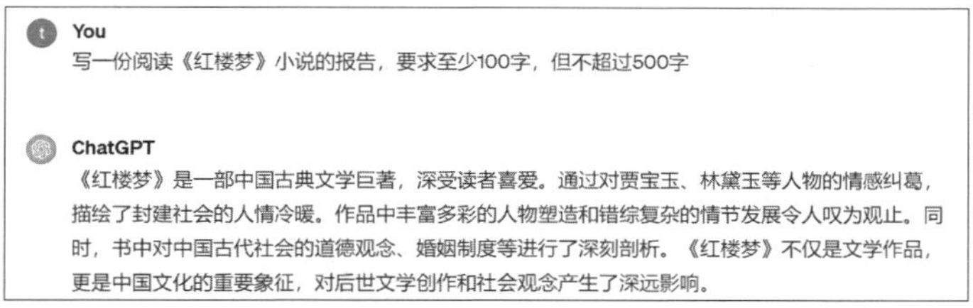

> **You**
> 写一份阅读《红楼梦》小说的报告，要求至少100字，但不超过500字
>
> **ChatGPT**
> 《红楼梦》是一部中国古典文学巨著，深受读者喜爱。通过对贾宝玉、林黛玉等人物的情感纠葛，描绘了封建社会的人情冷暖。作品中丰富多彩的人物塑造和错综复杂的情节发展令人叹为观止。同时，书中对中国古代社会的道德观念、婚姻制度等进行了深刻剖析。《红楼梦》不仅是文学作品，更是中国文化的重要象征，对后世文学创作和社会观念产生了深远影响。

图1-10 ChatGPT提示词模板示例（4）

受限于主题和篇幅，这里仅简要介绍了一些常规技巧，对于更多的提示词设计方案，读者可以自行查阅相关资料。同时，也有一些专门提供提示词的网站或在线软件供参考。本书以计算机程序为主题词，所以提示词更需要明确程序设计步骤或存在的问题，以便ChatGPT给出精确的答案。

1.2.2　OpenAI API 接口

除了可以使用OpenAI官方提供的ChatGPT聊天程序外，开发者还可以基于OpenAI 提供的API接口来开展各自领域的独立开发。这个接口几乎可以应用于任何涉及理解或生成自然语言、代码或图像的任务。OpenAI公司不仅提供了ChatGPT聊天程序，还推出了世界领先的文生图、文生视频等AI应用。OpenAI公司也基于这个API接口构建了一个庞大的AI商业帝国。目前在ChatGPT的聊天窗口左侧导航区已经可以选择进入GPTs，也就是进入OpenAI提供的应用市场，可以在此找到GPT在各行各业的一些智能应用产品。感兴趣的读者可以从OpenAI官网上详细了解一下API接口的使用方法和开发流程。

下面为OpenAI参考文档中提供的基于Python来调用API示例：

```python
from openai import OpenAI
client = OpenAI()

response = client.chat.completions.create(
  model="gpt-3.5-turbo",
  messages=[
    {"role": "system", "content": "You are a helpful assistant."},
    {"role": "user", "content": "Who won the world series in 2020?"},
    {"role": "assistant", "content": "The Los Angeles Dodgers won the World Series in 2020."},
    {"role": "user", "content": "Where was it played?"}
  ]
)
```

1.3　ChatGPT助力程序开发

ChatGPT 已经在各种来源的海量文本数据上进行了训练，能够生成高质量的文本，通常与人类书写的内容难以区分。这种能力使 ChatGPT 在多个领域成为开发人员的宝贵工具，包括代码片段文本生成、自动错误修复、技术支持聊天机器人和文档生成。不过计算机程序开发是一个特定领域，不仅包括代码编写，还包括算法、结构设计、需求分析、安全防护等内容。要想使用ChatGPT助力程序开发，用户还需要具有一定的程序基础知识，才能给出合理的提示词。

1.3.1 代码片段生成

生成代码片段对于开发人员来说是一项关键任务，ChatGPT 可以帮助开发者们更高效地完成这项工作。通过输入所需的功能，ChatGPT 可以生成能够轻松集成到开发人员项目中的代码片段。这里的代码片段可以是算法，也可以是业务函数，或者前端代码。只要开发者能够给出适合自己需求的提示词，就可以通过ChatGPT输出令人满意的内容。

（1）算法代码。计算机算法是很抽象的，需要具有一定的数学功底和编程思维能力。现在有了ChatGPT，就可以明确算法名称、实现语言名称，还可以加入给出示例的提示词。

GhatGPT提示词模板：

☑ 请使用Python开发线性回归算法程序，并加入注释。

ChatGPT：

以下是一个使用Python实现的简单线性回归算法的示例程序，附有注释说明每个步骤的作用：

```python
import numpy as np

class LinearRegression:
    def __init__(self):
        self.intercept = None  # 初始化截距
        self.coef = None  # 初始化系数

    def fit(self, X, y):
        """
        线性回归模型拟合数据
        参数：
        X: 输入特征矩阵，形状为（样本数量，特征数量）
        y: 目标值，形状为（样本数量,）
        """
        # 增加偏置项（截距）到输入特征矩阵中
        X = np.c_[np.ones(X.shape[0]), X]

        # 使用最小二乘法计算参数
        self.theta = np.linalg.inv(X.T.dot(X)).dot(X.T).dot(y)

        # 截距为参数向量的第一个元素，系数为后续元素
        self.intercept = self.theta[0]
        self.coef = self.theta[1:]

    def predict(self, X):
        """
        使用拟合好的线性回归模型进行预测

        参数：
        X: 输入特征矩阵，形状为（样本数量，特征数量）

        返回值：
        y_pred: 预测的目标值，形状为（样本数量）
        """
        # 增加偏置项（截距）到输入特征矩阵中
        X = np.c_[np.ones(X.shape[0]), X]

        # 使用拟合好的参数进行预测
```

```python
        y_pred = X.dot(self.theta)
        return y_pred

# 示例用法
if __name__ == "__main__":
    # 创建示例数据
    X = np.array([[1], [2], [3], [4], [5]])
    y = np.array([2, 4, 5, 4, 5])

    # 创建线性回归模型实例
    model = LinearRegression()

    # 拟合模型
    model.fit(X, y)

    # 打印截距和系数
    print("Intercept:", model.intercept)
    print("Coefficient:", model.coef)

    # 进行预测
    y_pred = model.predict(X)
    print("Predictions:", y_pred)
```

这个程序定义了一个名为LinearRegression的类，其中，fit方法用于拟合数据，predict方法用于进行预测。

（2）程序语法。程序语法是计算机编程语言的基础，包括定义变量、表达式和语句、定义模块和函数、循环结构、分支选择、异常处理和注释等。在编写代码时，可以将一些难记忆的部分组成提示词，然后从ChatGPT获得准确的答案。

ChatGPT提示词模板：

☑ 请使用Python语言编写一个异常处理程序，并加入注释。

ChatGPT：

下面是一个使用Python语言编写的异常处理程序，并附有注释解释代码的功能和逻辑：

```python
try:
    # 尝试执行可能会出现异常的代码块
    x = 1 / 0  # 这里会引发一个ZeroDivisionError异常
except ZeroDivisionError:
    # 如果遇到ZeroDivisionError异常，则执行以下代码块
    print("除数不能为零！")
except Exception as e:
    # 如果遇到其他类型的异常，则执行以下代码块
    print("发生了其他异常: ", e)
else:
    # 如果没有发生任何异常，则执行以下代码块
    print("没有发生异常，一切正常。")
finally:
    # 无论是否发生异常，都会执行以下代码块
    print("异常处理结束。")
```

这个异常处理程序包含了以下几个部分：

try块：包含可能会引发异常的代码块。
except块：用于捕获并处理特定类型的异常。在这个例子中，捕获了ZeroDivisionError类型的异常。

else块：在没有发生任何异常时执行的代码块。
finally块：无论是否发生异常，都会执行的清理代码块。
您可以根据具体的需求和情况，对异常处理程序进行修改和扩展。

(3) 项目业务处理。业务流程是一个项目按照思维逻辑将任务拆分后形成的处理流程，也就是一个一个小任务。通过小任务的组合完成一个完整的项目，可以使用ChatGPT帮助分析项目功能和设计，也可以就某一些具体的业务处理过程组成提示词给ChatGPT。

ChatGPT提示词模板：

☑ 请使用Python语言开发连接MySQL数据库的程序代码。

ChatGPT：

下面是一个使用Python连接到MySQL数据库的简单示例代码：

```python
import mysql.connector

# 建立数据库连接
def connect_to_mysql():
    try:
        # 使用用户名、密码、主机地址和数据库名称创建连接
        conn = mysql.connector.connect(
            user='your_username',
            password='your_password',
            host='localhost',
            database='your_database'
        )
        print("成功连接到MySQL数据库")
        return conn
    except mysql.connector.Error as err:
        print("连接MySQL数据库时发生错误:", err)

# 执行查询
def execute_query(conn, query):
    try:
        cursor = conn.cursor()
        cursor.execute(query)
        result = cursor.fetchall()
        return result
    except mysql.connector.Error as err:
        print("执行查询时发生错误:", err)

# 关闭数据库连接
def close_connection(conn):
    try:
        conn.close()
        print("已关闭数据库连接")
    except mysql.connector.Error as err:
        print("关闭数据库连接时发生错误:", err)

# 示例用法
if __name__ == "__main__":
    # 连接到MySQL数据库
    conn = connect_to_mysql()

    # 查询示例：查询表中的所有数据
    query = "SELECT * FROM your_table;"
```

```
        result = execute_query(conn, query)
        if result:
            print("查询结果: ")
            for row in result:
                print(row)

        # 关闭数据库连接
        close_connection(conn)
```
在这个示例中，你需要替换your_username、your_password、localhost、your_database和your_table分别为你的MySQL数据库的用户名、密码、主机地址、数据库名称以及要查询的表名。这个程序连接到数据库后执行一个查询，然后输出结果，并且最后关闭了数据库连接。

还可以根据自己的设计想法让ChatGPT给出实现代码，包括指定语言和框架等内容。

ChatGPT提示词模板：

☑ 帮我设计一个网站的首页，要求顶部有导航栏，接着是一个Banner广告位，中间部分两栏，左侧为最新新闻，右侧为公司业务介绍，底部为公司版本和一些友情链接。请使用Vue框架来实现，并给出示例代码。

ChatGPT：

以下是使用Vue框架设计的简单网站首页示例代码：

```html
<!DOCTYPE html>
<html lang="en">
<head>
    <meta charset="UTF-8">
    <meta name="viewport" content="width=device-width, initial-scale=1.0">
    <title>网站首页</title>
    <!-- 引入 Vue.js -->
    <script src="https://cdn.jsdelivr.net/npm/vue@2.6.14/dist/vue.js"></script>
    <!-- 引入 Bootstrap 样式 -->
    <link rel="stylesheet" href="https://cdn.jsdelivr.net/npm/bootstrap@5.3.0-alpha1/dist/css/bootstrap.min.css">
    <style>
        /* 自定义样式可以在这里添加 */
        .banner {
            height: 300px;
            background-color: #f0f0f0;
            text-align: center;
            line-height: 300px;
        }
        .news {
            padding: 20px;
        }
        .news-item {
            margin-bottom: 20px;
            border-bottom: 1px solid #ccc;
            padding-bottom: 10px;
        }
    </style>
</head>
<body>
    <!-- Vue实例 -->
    <div id="app">
        <!-- 导航栏 -->
```

```html
<nav class="navbar navbar-expand-lg navbar-dark bg-dark">
    <div class="container">
        <a class="navbar-brand" href="#">网站LOGO</a>
         <button class="navbar-toggler" type="button" data-bs-toggle="collapse" data-bs-target="#navbarNav" aria-controls="navbarNav" aria-expanded="false" aria-label="Toggle navigation">
            <span class="navbar-toggler-icon"></span>
        </button>
        <div class="collapse navbar-collapse" id="navbarNav">
            <ul class="navbar-nav">
                ......
            </ul>
        </div>
    </div>
</nav>

<!-- Banner广告位 -->
<div class="banner">
    <h1>欢迎来到我们的网站</h1>
</div>

<!-- 主体内容 -->
<div class="container mt-4">
    <div class="row">
        <!-- 最新新闻 -->
        ........
        </div>
    </div>
</div>

<!-- 底部 -->
<footer class="bg-dark text-white text-center py-3 mt-4">
    <p>&copy; 2024 公司名称 版权所有</p>
    <p>友情链接：链接1 | 链接2 | 链接3</p>
</footer>
</div>

<!-- Vue 实例 -->
<script>
    new Vue({
        el: '#app',
        data: {
            latestNews: [
                { title: '新闻标题1', content: '新闻内容1' },
                { title: '新闻标题2', content: '新闻内容2' },
                { title: '新闻标题3', content: '新闻内容3' }
            ]
        }
    });
</script>

<!-- 引入Bootstrap JS -->
 <script src="https://cdn.jsdelivr.net/npm/bootstrap@5.3.0-alpha1/dist/js/bootstrap.bundle.min.js"></script>
```

```
</body>
</html>
```

1.3.2 代码检查和优化

ChatGPT可以输出代码内容,也可以对输入的代码内容进行检查并优化处理,这对初级水平的程序员来说特别友好。只需将自己编写的代码复制到ChatGPT的聊天对话框中,就可以进行代码检查和优化处理,从而提高自己的编程水平。

ChatGPT提示词模板:

☑ 如下代码:

```
 i=0
while i>5:
    i=i+1
    print(i)
```

这个程序为什么无法输出结果,请检查问题并给出改进后的代码。

ChatGPT:

您的代码无法输出结果是因为i的初始值是0,而while循环的条件是i > 5,因此循环体永远不会执行,因为0不大于 5。

要改进代码,您需要调整循环条件,使得循环可以执行。例如,您可以将循环条件改为i < 5,这样循环才会执行5次。

```python
Copy code
i = 0
while i < 5:
    i = i + 1
    print(i)
```

这样,当i递增到5时,循环条件变为假,循环结束。这段代码将输出从1到5的整数。

同时,如果在代码执行的过程中报了错误,还可以直接将代码和开发工具给的错误提示发给ChatGPT,让它帮助分析并优化代码。

例如,在Django开发中出现如下错误提示:

```
   from ..users.models import BlogUser
ValueError: attempted relative import beyond top-level package
```

ChatGPT:

出现这个错误通常是因为Python不允许在顶层包之外使用相对导入。

你可以尝试使用绝对导入来解决这个问题。假设你的应用结构如下:
```
your_project/
    app1/
        views.py
    app2/
        models.py
```
在app1的views.py中引入app2的模型时,可以使用绝对导入方式:

```python
Copy code
```

```
from app2.models import BlogUser
```
这样就可以解决相对导入问题。确保你的应用结构和导入路径正确,并且在导入模型之前执行了必要的迁移操作。

1.3.3 技术文档生成

技术文档主要是指与开发项目相关的文字类报告内容。例如,基于某一个项目生成一个需求分析报告、数据库设计文档,或者总体设计文档等,还可以基于设计的某一个文档内容生成对应的代码,这样就大大减轻了项目经理的负担,从而加快项目开发的进程。

ChatGPT提示词模板:

☑ 开发一个ChatGPT导航网站系统,请以项目经理的角色,首先进行需求分析,然后开展总体设计。

ChatGPT:

ChatGPT导航网站项目的需求分析报告

1. 背景介绍

ChatGPT导航网站是一个旨在为用户提供ChatGPT相关资源和信息的网站。ChatGPT是一个AI语言模型,用户可以在各种应用场景中使用ChatGPT,但是缺乏一个集中的平台来提供相关资源和指南。ChatGPT导航网站的目标是为用户提供ChatGPT的最新信息、应用案例、工具和社区支持,从而提高用户对ChatGPT的认识和应用能力。

2. 用户需求

ChatGPT导航网站的用户主要分为以下几类。

开发者:希望了解ChatGPT的技术细节、API文档和开发工具。

研究者:对ChatGPT的研究和应用感兴趣,希望了解最新的研究成果和学术论文。

学生:希望学习ChatGPT的原理、应用和实践经验。

普通用户:对ChatGPT感兴趣,希望了解其应用场景、产品和服务。

3. 功能需求

ChatGPT导航网站应该具有以下功能。

信息展示:提供ChatGPT的概述、技术细节、应用案例、研究进展等信息。

资源导航:整合ChatGPT相关的文档、教程、工具、社区等资源,方便用户查找和访问。

实用工具:提供ChatGPT的在线演示、API文档、模型下载等实用工具,方便开发者和研究者使用。

社区交流:建立用户社区,提供论坛、博客、讨论区等功能,促进用户交流和分享。

定制化服务:根据用户需求提供定制化的服务,如ChatGPT应用开发、咨询服务等。

4. 技术需求

ChatGPT导航网站应该具有以下技术特点。

响应式设计:支持不同设备上的良好显示和交互体验,包括PC、平板和手机。

快速加载:优化网站性能,减少页面加载时间,提高用户访问体验。

安全性:保障用户信息和数据的安全,采取适当的安全措施防止数据泄露和攻击。

可扩展性:设计灵活的架构和组件,方便后续功能扩展和系统升级。

5. 预期效果

ChatGPT导航网站的预期效果包括:提高用户对ChatGPT的认识和了解程度;促进ChatGPT的应用和研究;扩大ChatGPT的用户群体和社区规模;增强ChatGPT在AI领域的影响力和竞争力。

总体设计方案

1. 技术选型

前端框架:选择Vue.js作为前端框架,借助其灵活性和高性能的特点实现响应式设计和快速加载。

后端框架:选择Django作为后端框架,利用其强大的功能和丰富的生态系统构建稳健的后端服务。

数据库:使用SQLite作为初始数据库,随着网站规模的扩大可以考虑迁移到更高性能的数据库,如PostgreSQL。

部署方案:采用Docker容器化部署,结合Nginx作为反向代理服务器和Gunicorn作为应用服务器,实现高效稳定的部署方案。

2. 模块设计

ChatGPT导航网站可以划分为以下几个主要模块。

信息展示模块:展示ChatGPT的概述、技术细节、应用案例、研究进展等信息。

资源导航模块：整合ChatGPT相关的文档、教程、工具、社区等资源，方便用户查找和访问。
实用工具模块：提供ChatGPT的在线演示、API文档、模型下载等实用工具，方便开发者和研究者使用。
社区交流模块：建立用户社区，提供论坛、博客、讨论区等功能，促进用户交流和分享。
定制化服务模块：根据用户需求提供定制化的服务，如ChatGPT应用开发、咨询服务等。

3．数据库设计

初始阶段，可以使用SQLite数据库存储网站数据，包括用户信息、文章内容、论坛帖子等。随着网站的发展和数据量的增加，可以考虑迁移到更高性能的数据库，如PostgreSQL或MySQL。

4．用户界面设计

用户界面应该简洁清晰，符合现代化设计风格，同时兼顾用户体验和视觉吸引力。应采用响应式设计，确保在不同设备上的良好显示效果。导航栏、搜索框和内容卡片等元素应该布局合理，易于导航和浏览。

5．安全性设计

为保障用户数据和系统安全，需要采取一系列安全措施，包括但不限于：用户身份验证和权限管理、数据加密和传输安全、输入验证和过滤、异常处理和日志记录。

6．性能优化

在设计阶段就应考虑性能优化措施，以提高网站的加载速度和响应性能。这包括压缩静态资源、使用CDN加速、异步加载和缓存机制等。

通过以上需求分析和总体设计方案，我们可以更好地规划和实现ChatGPT导航网站，满足用户需求，提升用户体验，促进ChatGPT技术的传播和应用。

1.3.4 AI 编程插件

目前已经出现了许多AI编程开发产品，包括微软推出的Github Copilot、亚马逊的CodeWhisperer和国内智谱AI推出的CodeGeeX等。这些插件可以集成到选择的程序开发环境IDE中，通过账号登录后就可以开始使用。

（1）Github Copilot。微软与OpenAI共同推出了一款AI编程工具Github Copilot，如图1-11所示。Github Copilot作为插件嵌入到VS Code中，使用体验可以说是最好的。该工具在编码时提供智能自动完成建议，也可以编写提示词来定义希望 GitHub Copilot 生成代码。不过Github Copilot需要收费，个人用户每月10美金，每年100美金。

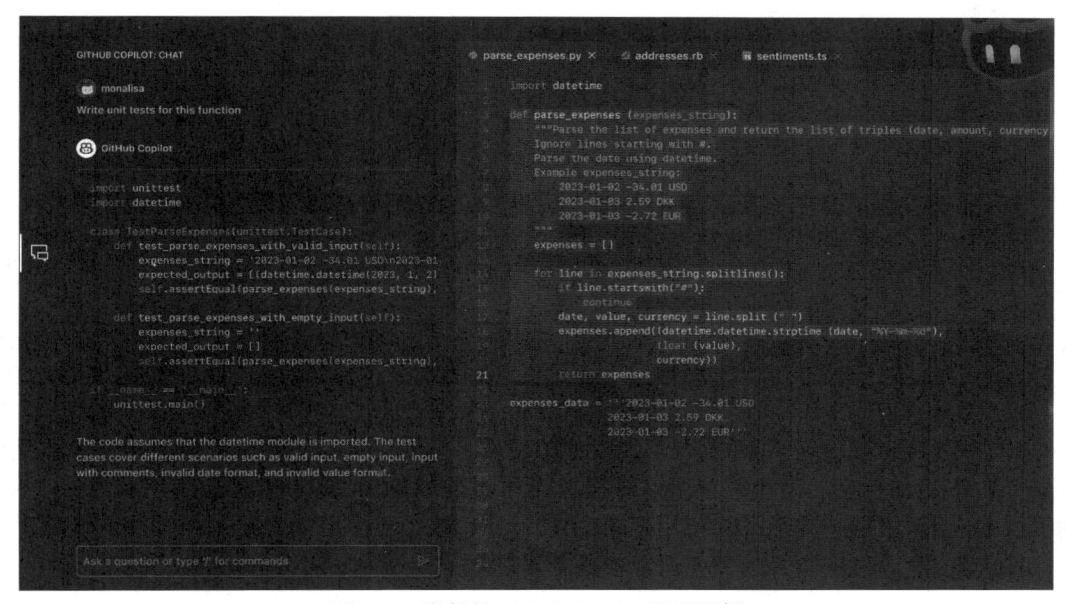

图 1-11　微软的Github Copilot界面示例

（2）Amazon CodeWhisperer。Amazon CodeWhisperer 是一种采用机器学习（ML）的服务，可以根据开发人员使用自然语言编写的注释和集成式开发环境（IDE）中的代码生成代码建议，帮助开发人员提高工作效率，可以为应用程序提供代码审查、安全扫描和性能优化等功能。

Amazon CodeWhisperer 可以为多种编程语言提供基于AI的代码建议，包括 Python、Java、JavaScript、TypeScript、C#、Go、Rust、PHP、Ruby、Kotlin、C、C++、Shell脚本、SQL 和 Scala，还可以使用来自多个 IDE 的服务，包括 JetBrains IDE（IntelliJ IDEA、PyCharm、WebStorm 和 Rider）、Visual Studio（VS）Code、AWS Cloud9 和 AWS Lambda 控制台。

（3）CodeGeeX。CodeGeeX是一款基于大模型的全能智能编程助手。VSCode中的CodeGeeX插件界面示例如图1-12所示。它可以实现代码的生成与补全、自动添加注释、代码翻译和智能问答等功能，能够帮助开发者显著提高工作效率。CodeGeeX支持主流的编程语言，并适配多种主流IDE，还支持Python、Java、C++、JavaScript和Go等数十种常见编程语言，也支持集成到IDE服务中。

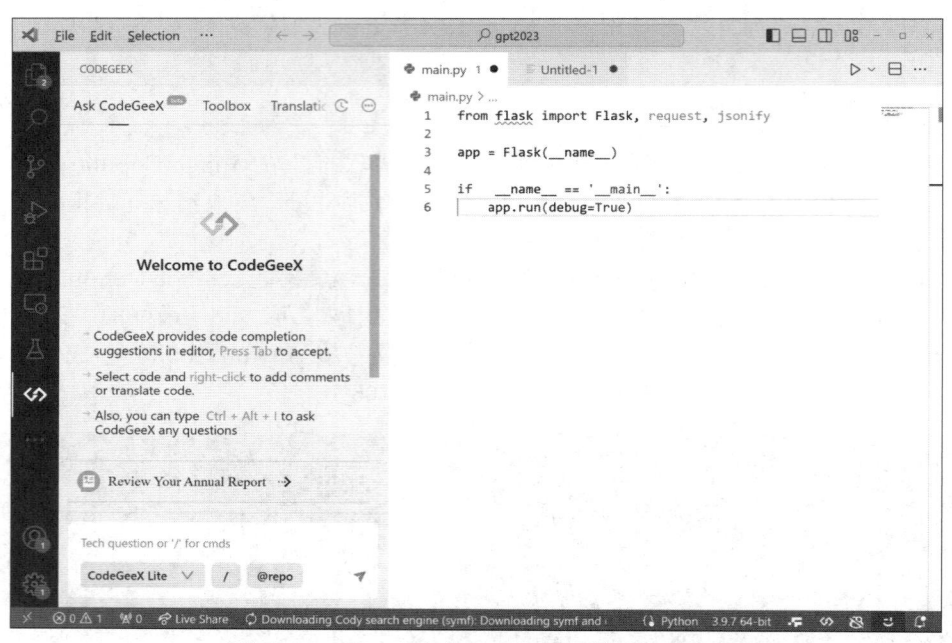

图1-12　VS Code中的CodeGeeX插件界面示例

1.4　国内同类产品简介

2023年，国内许多公司都投入了大模型的研发，同时也推出了不少类似ChatGPT的聊天机器人程序，如百度、阿里、华为、百川智能和智谱AI等。ChatGPT是AI应用的标杆产品，而且版本也不再更迭。如果无法使用ChatGPT，可以选用国内的一些ChatGPT产品。下面就国内几款典型的产品进行介绍，便于读者根据需要来选择。

1.4.1 百度文心一言

文心一言（ERNIE Bot）是由百度公司开发的聊天机器人，能够与人交互、回答问题及协作创作。该产品被传媒称为国际著名聊天机器人ChatGPT的中国竞争对手，已于2023年8月31日开放全球用户使用。现在除了PC端访问外，还可以直接在手机应用市场下载文心一言App版。使用方式与ChatGPT完全一样，组织提示词给文心一言，就会给出相应的反馈答案。图1-13所示为百度文心一言使用界面。

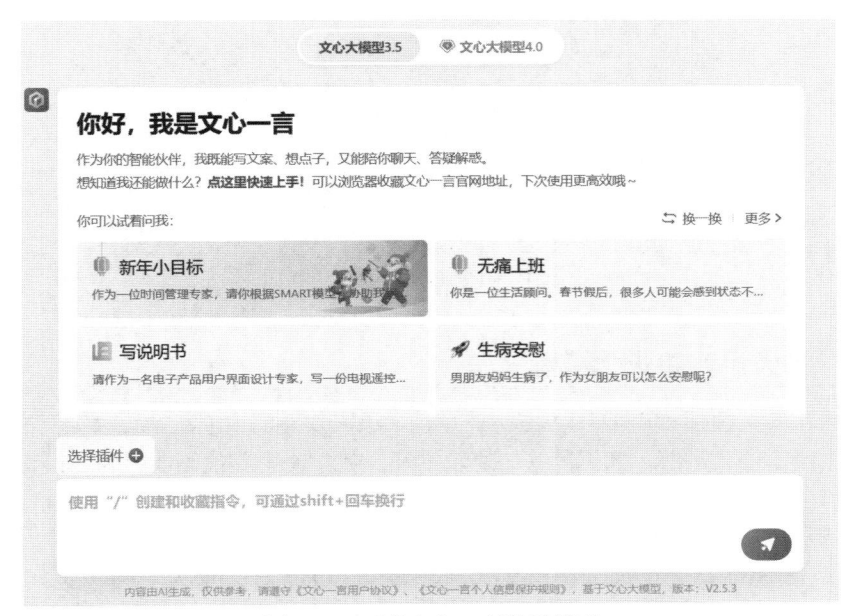

图1-13 百度文心一言使用界面

1.4.2 阿里通义千问

通义千问是阿里云推出的一个超大规模的语言模型，功能包括多轮对话、文案创作、逻辑推理、多模态理解和多语言支持，能够跟人类进行多轮的交互，也融入了多模态的知识理解且具有文案创作能力，能够续写小说，编写邮件等。

2023年4月7日，通义千问开始邀请测试。2023年4月11日，通义千问在2023阿里云峰会上揭晓。2023年9月13日，阿里云宣布通义千问大模型已首批通过备案，并正式向公众开放。通义千问App在各大手机应用市场正式上线，所有人都可通过App直接体验最新模型能力。2023年12月1日消息，阿里云开源通义千问720亿参数模型。2023年12月22日，阿里通义千问成为首个"大模型标准符合性评测"中首批通过评测的4款国产大模型之一，在通用性和智能性等维度均达到国家相关标准要求。

阿里通义千问使用界面如图1-14所示。在该界面中，不仅可以输入文本获取对应的输出，还可以上传图片和文件等与大模型对话，这样使得其理解能力更强，应用更为广泛。

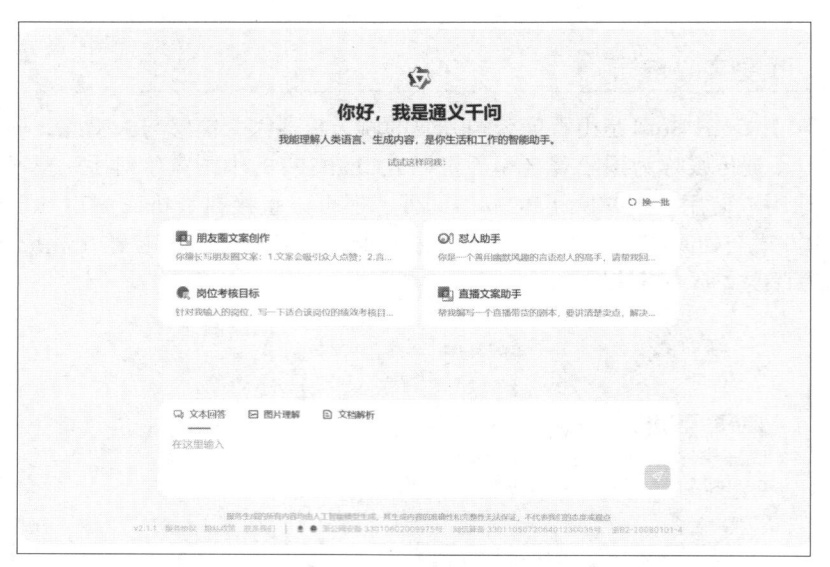

图 1-14　阿里通义千问使用界面

1.4.3　科大讯飞星火大模型

讯飞星火认知大模型（简称星火大模型）是科大讯飞发布的大模型。该模型具有 7 大核心能力，即文本生成、语言理解、知识问答、逻辑推理、数学能力、代码能力和多模交互，该模型对标 ChatGPT。

2023 年 5 月 6 日，科大讯飞正式发布星火大模型并开始不断迭代；6 月 9 日，星火大模型 V1.5 正式发布；8 月 15 日，星火大模型 V2.0 正式发布；9 月 5 日，星火大模型正式面向全民开放；10 月 24 日，星火大模型 V3.0 正式发布；2024 年 1 月 30 日，星火大模型 V3.5 正式发布。

星火大模型已位列中国头部水平，通过中国信通院组织的 AIGC 大模型基础能力（功能）测评及可信 AI 大模型标准符合性验证，获得 4+ 级评分（参考百度百科）。用户不仅可以使用文本与其进行交互对话，还可以输入多模态数据，并且使用已经开发的插件来完成一些处理任务。图 1-15 所示为讯飞星火大模型使用界面。

图 1-15　讯飞星火认知大模型使用界面

1.5 小结

本章就ChatGPT的一些基础概念和使用方法进行了介绍，包括如何注册登录ChatGPT、如何正确使用提示词，以及在程序开发方面的一些应用示例。对于更多通用的ChatGPT使用方法，读者可以直接访问OpenAI官网，或者参考一些其他资源去做深入了解。如果ChatGPT无法使用，也可以使用国内同类型产品来完成后续的Web应用开发。

第 2 章

Python Web 应用系统开发基础

　　Web 应用系统是在网络上运行的应用程序，使用环境包括云服务器平台和 Web 浏览器。在浏览器中，输入应用程序指定的网络地址（一般为 IP 地址或域名），就可以访问应用程序提供的内容，也可以根据需求提交交互请求。本章将介绍 Web 应用系统开发的一些基础知识，包括 Web 应用系统开发概述、前后端开发技术、Python Web 主流开发框架和 Web 应用系统部署等内容，帮助读者全面了解一个 Web 应用系统开发所需要的步骤和条件，便于更好地组织提示词并使用 ChatGPT 来完成任务。

2.1　Web 应用系统开发概述

Web 应用系统开发是指创建和维护在互联网上运行的网站或应用程序的过程。它涉及前端（客户端）、后端（服务器端）以及与数据库的交互。其中，数据库用于存储整个系统所需要的数据；后端程序用于对数据库中的数据进行管理，同时负责处理用户端的交互请求；前端则是通过各种美观的方式将数据呈现出来，或者提供表单输入区域给用户实现交互。因此，Web应用系统开发是一个动态而复杂的应用领域，可以根据自身的业务需求形成不同大小的规模，同时随着技术的不断演进，新的工具和框架不断涌现，使开发者能够更高效地构建强大的在线应用。

2.1.1　Web 开发技术的演进

Web 开发技术的历史可以追溯到互联网的早期阶段（20世纪90年代），当时主要是静态网页的制作。随着技术的发展，动态内容的需求催生了服务器端脚本语言的使用，如PHP、JSP和ASP，这使开发者能够根据用户的请求生成动态页面。图2-1所示为计算机程序语言词云图。在Web应用系统开发方面，Java语言在很多年内都是排名靠前的。

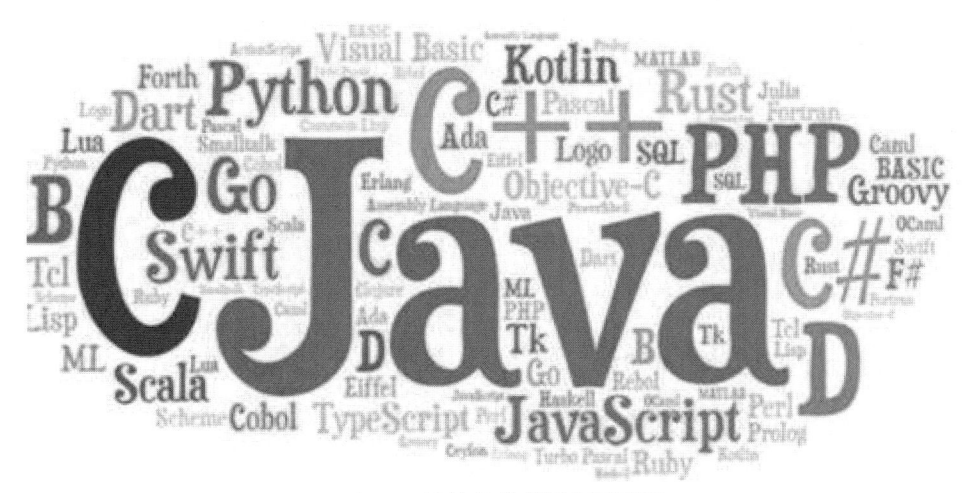

图2-1　计算机程序语言词云图

随着互联网的普及和线上业务的不断增长，Web开发技术也在不断更新。除了传统的关系数据库外，新的NoSQL类数据库不断涌现，支持更多类型的数据存储。同时服务器端技术PHP、.NET平台、JDK版本一直在更新；前端由于直接接触用户，因此动态、美观和响应迅捷一直是标准，HTML、CSS和JavaScript的广泛应用，使用户可以在浏览器中获得更为交互性和动态的体验。这也为单页面应用（SPA）等现代前端开发方式奠定了基础。

近年来，Web 开发领域涌现了大量的前端框架和库，如Bootstrap、React、Angular和Vue.js，它们使前端开发更加模块化和更利于维护。同时，后端开发也经历了变革，从传统的服务器端脚本语言过渡到更强大、更高效的框架，如Django（Python语言）、Spring（JavaWeb）、Laravel（PHP语言）和Express（Nodejs）。这些框架的出现和应用大大提升了系统开发的效率，使开发者可以更多关注于系统业务本身的梳理和实现。

2.1.2　Web 应用系统的开发流程

Web应用系统开发是一个比较复杂的软件工程项目，其流程包括需求分析、系统设计、代码开发、测试、部署、运维和维护等多个步骤。Web应用系统开发的标准流程导图如图2-2所示。

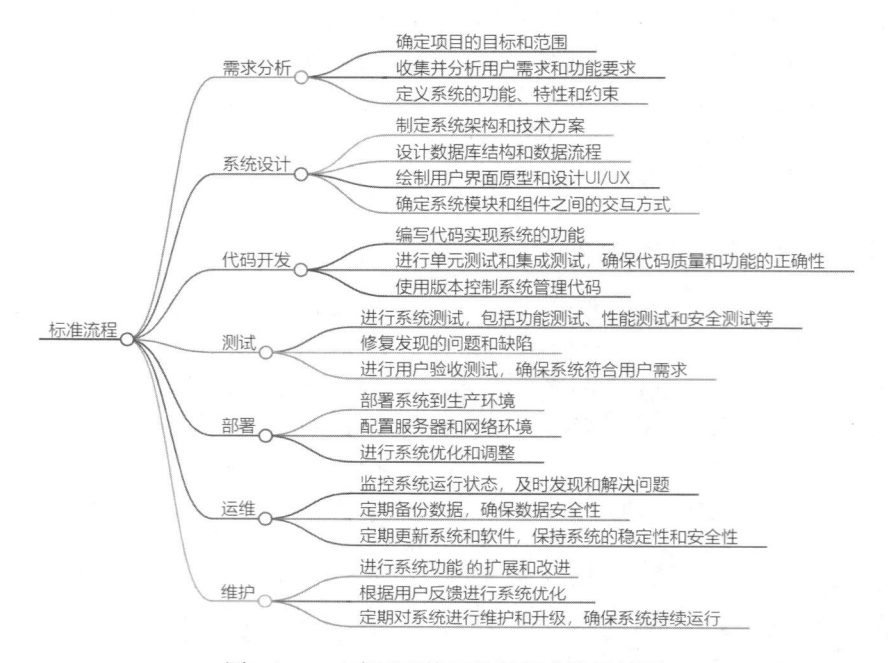

标准流程：
- 需求分析
  - 确定项目的目标和范围
  - 收集并分析用户需求和功能要求
  - 定义系统的功能、特性和约束
- 系统设计
  - 制定系统架构和技术方案
  - 设计数据库结构和数据流程
  - 绘制用户界面原型和设计UI/UX
  - 确定系统模块和组件之间的交互方式
- 代码开发
  - 编写代码实现系统的功能
  - 进行单元测试和集成测试，确保代码质量和功能的正确性
  - 使用版本控制系统管理代码
- 测试
  - 进行系统测试，包括功能测试、性能测试和安全测试等
  - 修复发现的问题和缺陷
  - 进行用户验收测试，确保系统符合用户需求
- 部署
  - 部署系统到生产环境
  - 配置服务器和网络环境
  - 进行系统优化和调整
- 运维
  - 监控系统运行状态，及时发现和解决问题
  - 定期备份数据，确保数据安全性
  - 定期更新系统和软件，保持系统的稳定性和安全性
- 维护
  - 进行系统功能的扩展和改进
  - 根据用户反馈进行系统优化
  - 定期对系统进行维护和升级，确保系统持续运行

图2-2　Web应用系统开发的标准流程导图

随着AI元素不断深入到软件开发项目中，以前Web应用系统中的每个步骤都由专业的技术人员负责，现在在AI的助力下可能需要的技术人员会越来越少。

2.1.3　Web 应用系统的架构

Web 应用系统的典型架构包括前端、后端和数据库三个主要组件。这种架构称为三层架构（Three-Tier Architecture），如图2-3所示。

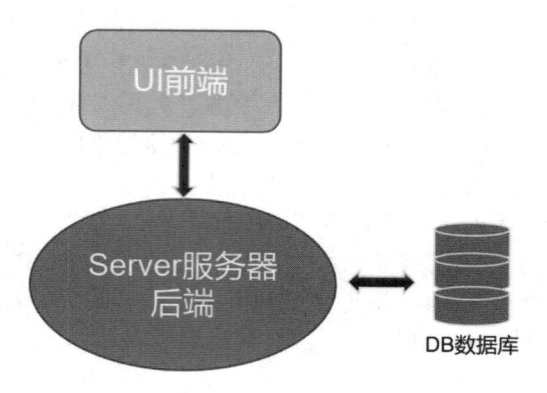

图2-3　Web应用系统的典型架构图

（1）前端（客户端）：用户直接与之交互的部分。它包括用户界面（User Interface，UI）和用户体验（User Experience，UX）的设计，以及通过HTML、CSS和JavaScript等技术实现的页面呈现和交互逻辑。前端可以在不同屏幕上呈现，如手机端App和小程序，iPad端以及传统的PC端。前端一般给普通用户使用，是业务的主要呈现部分，开发时需要注意页面的布局美观、内容适宜和响应速度快。

（2）后端（服务器端）：处理前端请求的服务器端应用。它负责处理业务逻辑、与数据库交互、响应前端请求等。后端通常由服务器端框架编写，可以使用多种编程语言，如Python、JavaScript、Java等。后端也需要有页面展示功能，称为后端管理系统，一般是给内部管理人员使用，通过可视化界面的方式完成对数据库数据的增删改查、业务数据的统计分析以及操作日志的管理等。

（3）数据库：用于存储应用程序数据，是应用系统非常关键的组件。由于数据类型的发展多样化，从一般的表格型数据到多媒体音/视频、图像等数据，因此数据库技术也随之更新发展。目前，在Web开发领域的数据库主要包括关系型数据库和非关系型数据库两大类。常见的关系型数据库包括MySQL、PostgreSQL和SQLite；非关系型数据库，如MongoDB和Redis也在一些场景中得到广泛应用。

2.1.4　HTTP协议

HTTP协议，即Hypertext Transfer Protocol，是Web上数据传输的基础。它是客户端和服务器之间沟通的桥梁，承载着用户在互联网上浏览和交互的一切。

当在浏览器中输入URL并按下Enter键时，实际上是发起了一个HTTP请求。这个请求包含了一些必要的信息，如请求的资源和希望得到的内容。服务器接收到请求后，会生成一个HTTP响应，其中包含了请求资源的数据以及一些元信息。常用的HTTP请求主要包括GET请求和POST请求。其中，GET请求是直接从服务器请求页面数据信息，POST请求则是给服务器发送数据并进行处理请求。图2-4所示为ChatGPT服务请求示意图。当在聊天窗口输入问题并提交时，ChatGPT就和OpenAI的服务器进行了HTTP的POST请求，服务器很快便会给出反馈，并将反馈输出以HTTP响应方式返回，然后通过浏览器渲染显示出来。

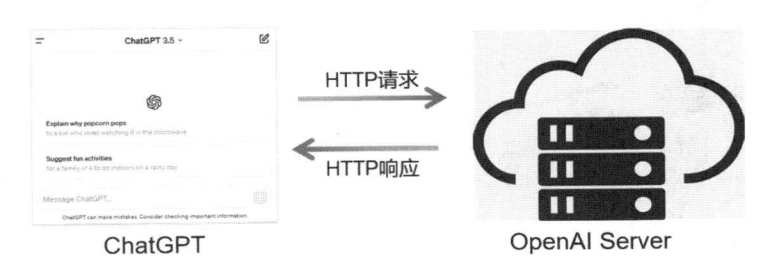

图2-4　ChatGPT服务请求示意图

2.2　前后端开发技术

在Web开发中，前端和后端是两个核心的概念。它们分别负责用户界面和用户体验的呈现，以及处理业务逻辑、与数据库交互等后台任务。

2.2.1 前端（客户端）

前端是用户直接与之交互的一部分，它包括用户界面和用户体验的设计，以及通过HTML、CSS和JavaScript等技术实现的页面呈现和交互逻辑。

（1）HTML（Hypertext Markup Language）。HTML是一种标记语言，用于描述网页的结构。它由一系列的元素（tags）组成，每个元素代表页面上的一个部分，如标题、段落和图像等。HTML提供了一种结构化的方式来表示信息，使浏览器能够正确地呈现和渲染页面。

ChatGPT提示词模板：

☑我现在是一个程序员，请给我一个HTML应用的示例代码。

> **ChatGPT：**
>
> 以下是一个简单的HTML应用示例代码，它包含一个标题和一个按钮，点击按钮时会触发JavaScript函数并在页面上显示一条消息：
>
> ```html
> Copy code
> <!DOCTYPE html>
> <html lang="en">
> <head>
>     <meta charset="UTF-8">
>     <meta name="viewport" content="width=device-width, initial-scale=1.0">
>     <title>HTML应用示例</title>
> </head>
> <body>
>
> <h1>HTML应用示例</h1>
> <button onclick="showMessage()">点击这里</button>
> <p id="message"></p>
> <script>
>     function showMessage() {
>         document.getElementById("message").innerHTML = "你点击了按钮！";
>     }
> </script>
> </body>
> </html>
> ```
>
> 在这个示例中：
> `<button>`元素用于创建一个按钮。
> onclick属性指定了点击按钮时执行的JavaScript函数showMessage()。
> showMessage()函数在点击按钮时被调用，它通过document.getElementById()方法获取页面中具有特定id的元素，并使用innerHTML属性修改该元素的内容。
> `<p>`元素用于显示消息。
> 当你点击按钮时，页面上会显示出一条消息："你点击了按钮！"

可以将上述代码复制到文本文件或网页编辑器中保存，在浏览器中打开并点击按钮，效果如图2-5所示。

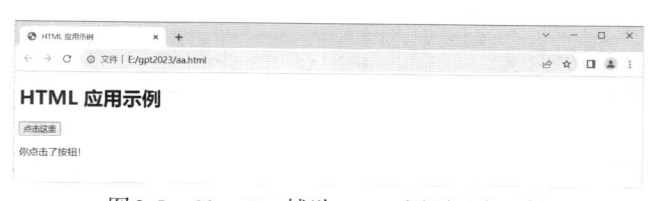

图2-5 ChatGPT辅助HTML网页开发示例

（2）CSS（Cascading Style Sheets）。CSS是用于定义网页样式和布局的样式表语言。它允许开发者控制网页的外观，包括字体、颜色、边距和布局等。通过CSS，开发者能够创建具有吸引力和一致性的用户界面。上述的案例代码中没有任何样式定义，所以整个页面也相对很简洁。如果想添加一些样式，可以根据自己的经验添加样式代码，也可以基于ChatGPT实现。给出想定义具体样式的提示词，就可以优化显示效果。

继续给出提示词：

☑ 请在上述代码的基础上优化显示效果，让按钮居中显示，同时设置按钮的背景为红色，其中的字体为白色。

ChatGPT：

以下是经过优化的HTML应用示例代码，其中网页背景颜色为白色，段落字体颜色为黑色，按钮居中显示，按钮的背景为红色，按钮的字体为白色：

```html
<!DOCTYPE html>
<html lang="en">
<head>
    <meta charset="UTF-8">
    <meta name="viewport" content="width=device-width, initial-scale=1.0">
    <title>HTML 应用示例</title>
    <style>
        body {
            background-color: white;      /* 设置背景颜色为白色 */
            margin: 0;                    /* 清除默认边距 */
            display: flex;
            justify-content: center;      /* 水平居中 */
            align-items: center;          /* 垂直居中 */
            height: 100vh;                /* 设置页面高度为视口高度 */
        }

        button {
            background-color: red;        /* 设置按钮背景颜色为红色 */
            color: white;                 /* 设置字体颜色为白色 */
            border: none;                 /* 清除按钮边框 */
            padding: 10px 20px;           /* 设置按钮内边距 */
            font-size: 16px;              /* 设置字体大小 */
            cursor: pointer;              /* 鼠标悬停时显示手型光标 */
        }

        button:hover {
            background-color: darkred;    /* 设置按钮悬停时的背景颜色 */
        }

        p {
            color: black;                 /* 设置段落字体颜色为黑色 */
            text-align: center;           /* 文本居中 */
        }
    </style>
</head>
<body>
<h1>HTML应用示例</h1>
<button onclick="showMessage()">点击这里</button>
<p id="message"></p>
<script>
    function showMessage() {
```

```
        document.getElementById("message").innerHTML = "你点击了按钮！";
    }
</script>
</body>
</html>
```
在这个优化后的示例中：

body元素的样式设置了背景颜色为白色，并使用flexbox布局使按钮在页面中水平和垂直方向上居中显示。

button元素的样式设置了按钮背景颜色为红色，字体颜色为白色，并清除了按钮的边框。同时设置了悬停时的背景颜色变化。

p元素的样式设置了段落字体颜色为黑色，并居中显示。

在onclick事件中执行的showMessage()函数没有变化，仍然用于在点击按钮时显示消息。

（3）JavaScript。JavaScript是一种脚本语言，用于为网页添加交互性和动态效果。它能够操作HTML和CSS，并与用户交互。在现代Web开发中，JavaScript的应用不仅限于前端，还包括后端（Node.js）和移动端开发。

例如，上述代码中最后点击按钮的执行脚本代码：

```
// JavaScript代码示例
<script>
    function showMessage() {
        document.getElementById("message").innerHTML = "你点击了按钮！";
    }
</script>
```

（4）前端框架。上述HTML、CSS和JavaScript属于开发一个网页必备的基础技术，灵活使用这些技术就能开发各种Web应用系统的前端。随着客户屏幕端的多元化，如从PC端开始逐步转到手机端，前端开发也在不断演进。一方面推出了适应各种屏幕和响应式的Bootstrap框架；另一方面也发展了React、Angular和Vue等工程类和组件化管理的前端框架，使得前端开发更加高效和可维护。通过引入组件化的概念，将前端应用拆分成独立的可复用部分，提高了代码的可维护性。

```
// React组件示例
import React, { useState } from 'react';

function Counter() {
    const [count, setCount] = useState(0);

    return (
        <div>
            <p>Count: {count}</p>
            <button onClick={() => setCount(count + 1)}>Increment</button>
        </div>
    );
}
```

2.2.2 后端（服务器端）

后端是Web应用的核心，它用于处理业务逻辑、与数据库交互、为前端提供数据和服务。后端也称服务器端，包括服务器硬件设备和实现Web业务处理的服务器程序，同时还包括可视化界面的业务和数据管理系统。后端开发使用的编程语言相对较多，包括PHP、C#、Java、Python和Go等，而且每种语言都有集成框架，通过框架提供的路由、中间件和数据库集成等功能快速完成业务功能的管理。本书以Python后端框架Django为核心，后续章节有该框架的详细介绍。

这里以Java最流行的后端开发框架SpringBoot为例，说明后端开发的过程示意。准备开发环境和创建项目等这里暂不介绍，其主程序代码如下：

```java
import org.springframework.boot.SpringApplication;
import org.springframework.boot.autoconfigure.SpringBootApplication;

// 使用@SpringBootApplication注解表示这是一个SpringBoot应用程序
@SpringBootApplication
public class YourApplicationNameApplication {

    public static void main(String[] args) {
        SpringApplication.run(YourApplicationNameApplication.class, args);
    }
}
```

然后创建控制器类来处理HTTP请求：

```java
//使用@RestController和@RequestMapping注解表示这是一个处理HTTP请求的控制器
@RestController
@RequestMapping("/api")
public class HelloController {

    // 使用@GetMapping注解表示这个方法用于处理HTTP GET请求，映射到路径"/hello"
    @GetMapping("/hello")
    public String hello() {
        // 返回简单的字符串
        return "Hello, World!";
    }
}
```

2.2.3 前后端交互

前后端之间的交互是Web应用的基石。以下是一般的交互流程，如图2-6所示（图中二维码为概念示意图，指类似小程序的前端）。

（1）前端发送请求：用户在浏览器中与前端交互，触发前端代码发送HTTP请求到后端。

（2）后端处理请求：后端接收到请求后，通过路由系统找到相应的处理函数。该函数处理业务逻辑，可能涉及数据库查询和计算等。

（3）数据库交互：如果业务逻辑涉及数据存储，后端就与数据库进行交互。这包括从数据库中读取数据或将新数据写入数据库。

（4）后端发送响应：后端处理完请求后，发送HTTP响应给前端。响应中包括数据和状态码等信息。

（5）前端更新界面：前端接收到响应后，根据数据更新用户界面。这可能涉及页面的重载或局部刷新，取决于应用的性质和前端技术的选择。

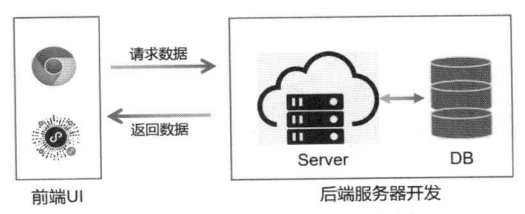

图2-6 前后端交互流程示例

这种前后端的分离和协同工作，使得Web应用能够实现高度的交互性、实时性和可维护性。

2.3 Python Web 主流开发框架

Python编程语言易学易用，不仅在各个行业领域中都有广泛的应用，在Web开发领域已有很强大的功能，许多系统都是基于Python框架开发的，如豆瓣网、youtube、Pinterest和火狐浏览器等。当前由于ChatGPT等AI产品的爆红，基于Python开发的应用更加流行。

根据前面章节介绍的Web开发架构单元，Python主要应用在服务器端。在Web开发领域，主流框架包括Django、Flask、FastAPI和Tornado等。

2.3.1 Django 框架

Django 是一个开源且完全可以免费使用的Python Web框架，开发人员使用该框架能够快速创建高质量的 Web 应用程序和应用程序编程接口（API）。使用 Django 框架已经开发了超过 12000 个流行项目，它是最流行和最长寿的 Web 开发框架之一。这个出色的 Python 框架通过大量复杂的功能简化了 Web 应用程序的开发过程，它由大量库组成，可显著减少所需的编码量并使组件可重复使用。

Django框架目前最新版本为5.2，其官网首页如图2-7所示。

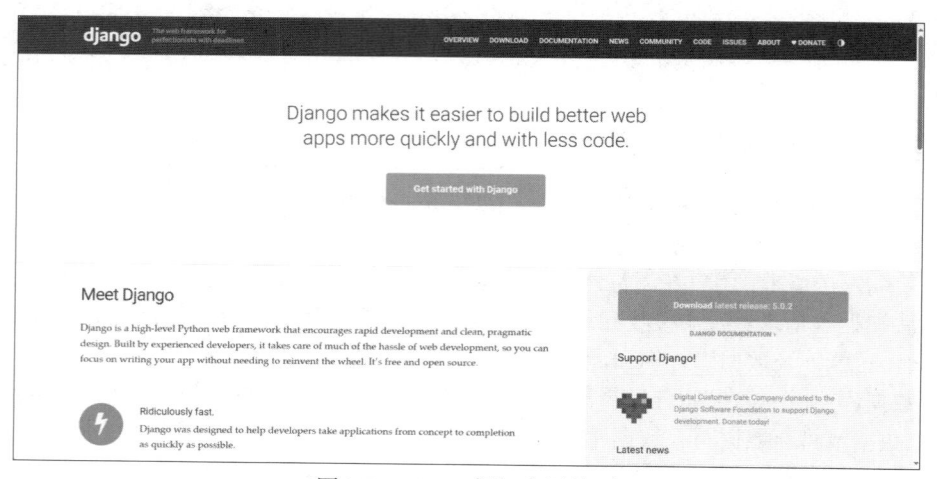

图2-7　Django框架官网首页

2.3.2 Flask 框架

Flask是一个轻量级的Python Web框架，由Armin Ronacher于2010年创建。它的设计理念简单、易扩展且具有灵活性，开发者可以根据项目需求自由选择所需的库和工具。Flask 是继 Django 之后第二个受欢迎的 Python 框架。它是一个 WSGI 微框架，主要为开发小型应用程序而设计的框架，开发人员能够基于该框架使用 Python 进行全栈及 Web 应用程序开发，从而能够创建极其高效且可扩展的 Web 应用程序。此外，该框架还包括一个支持安全 cookie 的集成单元测试工具，它的设计考虑到了简单性和生产力，使其成为一个简单易用的全栈 Web 开发框架。Flask最好的功能是它不依赖于任何特定的工具扩展或库，而是允许使用任何工具或库。同时，它还包括集成的调试器和服务器。

Flask框架目前最新版本为3.0，其框架官网首页如图2-8所示。

图2-8　Flask框架官网首页

2.3.3　FastAPI 框架

FastAPI 是一种新的 Python 微框架，针对性能进行了优化，可用于构建 API。该框架相当简单，与 Flask 非常相似。FastAPI 是专门为 Starlette ASGI 创建的，包括各种强大且有用的功能，如 GraphQL、WebSocket 和模板。FastAPI 因其性能优势而被全球大多数行业采用，它使 Web 开发速度提高了一倍，错误减少了 40%。调试过程加速，并且它自动支持任何所需的数据库和交互式文档。

FastAPI框架官网首页如图2-9所示。

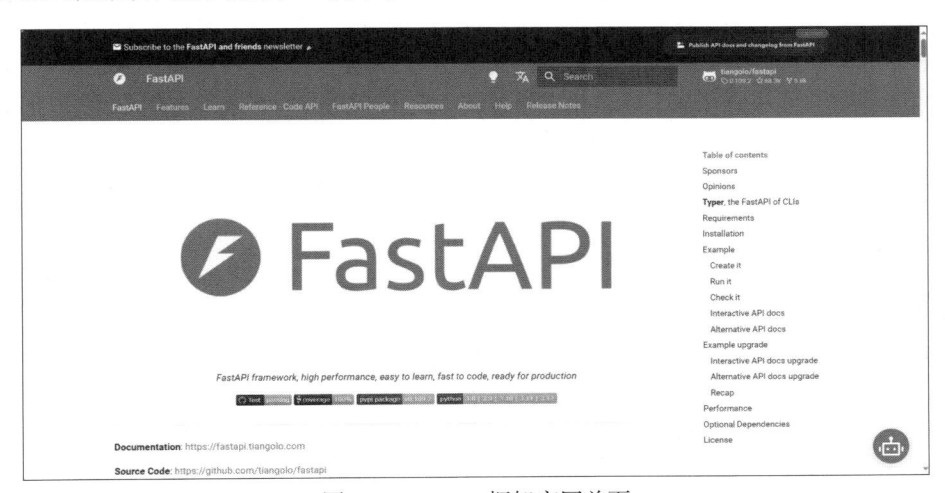

图2-9　FastAPI框架官网首页

2.3.4 Tornado 框架

Tornado 是一个用于异步网络的免费开源框架和库，通过非阻塞 I/O 解决了 C10k（Concurrent 10000 Connection）的困难。它是开发能够支持数千个并发用户的高性能应用程序的最佳框架，该框架是线程化的，而不是基于 WSGI，这使其与大多数基于 Python 的框架区分开来。Tornado 的受欢迎程度可与 Flask 和 Django 相媲美，这要归功于它的功能和高性能工具。

Tornado 框架官网首页如图 2-10 所示。

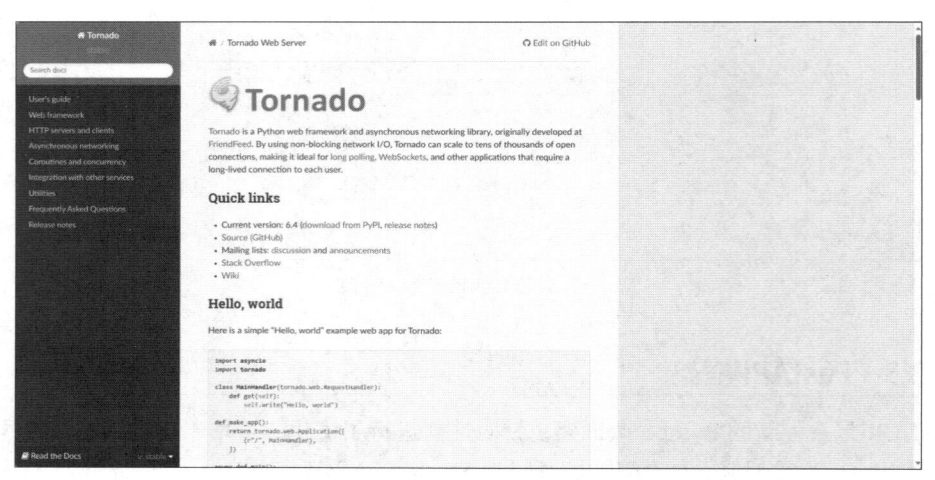

图 2-10　Tornado 框架官网首页

2.4　Web应用系统部署

Web应用系统最终都需要部署到云服务器上运行，便于让所有授权用户来访问。例如，京东电商网站和微信等都属于典型的Web应用系统，这些产品或服务都是部署在互联网云服务器上的，用户只需要有接入互联网的条件就可以访问。一个Web应用项目包括需求分析、总体设计、数据库设计、详细设计、代码开发实现、测试和运行部署等多个阶段，系统部署上线是成功让用户访问服务的必需步骤，也是Web开发的目的。

2.4.1　部署服务器准备

部署环境的首要条件就是准备一台满足运行条件的云服务器。云服务器可以简单理解为在互联网上租用的一台服务器，具有操作系统环境、按需分配的CPU、内存和硬盘等与本地电脑相似的配置。云服务器一般由云厂商提供，用户需要注册登录其官网，然后在官网中选择购买合适配置的云服务器。

例如，选择购买腾讯的云服务器，可以注册后登录进入腾讯官网，如图2-11和图2-12所示。用户选择合适的配置和价格进行购买即可。

图2-11　腾讯云官网首页

图2-12　云服务器促销页面

购买了云服务器后，云服务器官网控制台窗口就提供了用户对服务器的管理，包括安装操作系统环境、防火墙和系统监控管理等。对于操作系统的选择需要根据使用的开发技术栈来决定。例如，采用.net框架开发的Web应用系统需要选择Windows操作系统环境，而使用php或java语言开发的Web应用系统建议最好使用Linux操作系统环境，对于使用Python作为服务器语言的Web应用系统也建议使用Linux操作系统环境。

在云服务器操作系统环境准备好后，还需要根据Web应用系统的情况安装数据库软件，并启动测试数据库的连接和服务。如果数据库软件是免费开源的，可以按照官方提供的教程完成在操作系统内的安装和配置；如果是付费的，则需要根据官方提示取得授权后继续安装使用。例如，如果选择MySQL作为系统应用的数据库软件服务，可以访问官网或者直接咨询ChatGPT。

ChatGPT提示词模板：

☑我是一个项目经理，现在需要开发一个Web应用系统，想选用MySQL作为数据库，觉得这个选择如何？

> **ChatGPT：**
>
> 选择MySQL作为数据库管理系统通常是一个明智的选择，特别是对于许多Web应用程序而言。以下是一些选择MySQL的优势。
>
> 开源和免费：MySQL是一个开源的关系型数据库管理系统，可以免费使用。这使得它成为许多创业公司和个人开发者的首选，因为它可以降低开发和运维成本。
>
> 广泛的社区支持：MySQL拥有一个庞大的活跃社区，这意味着您可以轻松地找到大量的文档、教程和解决方案。如果您在使用MySQL时遇到问题，很可能会在互联网上找到解决方案。
>
> 稳定性和可靠性：MySQL经过了长时间的发展和改进，已经成为一个稳定和可靠的数据库管理系统。许多大型的Web应用程序和公司都在使用MySQL作为其关键的数据存储解决方案。
>
> 性能优化：MySQL经过了多年的优化，具有良好的性能特性。它能够处理大量的数据并提供快速的查询响应时间。此外，MySQL还提供了各种优化工具和技术，帮助您优化数据库性能。
>
> 支持标准SQL语法：MySQL遵循SQL标准，这使得开发人员可以轻松地迁移和管理数据库，而不需要学习新的语法或技术。
>
> 虽然MySQL有许多优点，但也存在一些限制和考虑因素。例如，对于大规模的数据集或需要高度扩展性的应用程序，可能需要考虑使用其他数据库管理系统，如PostgreSQL或MongoDB。此外，MySQL在某些情况下可能不适合处理大量的并发请求，因此需要进行合理的配置和优化。
>
> 综上所述，选择MySQL作为数据库管理系统通常是一个不错的选择，特别是对于中小型Web应月程序来说。它提供了稳定性、性能和广泛的社区支持，能够满足大多数Web应用程序的需求。

2.4.2 部署Web应用系统

在部署环境准备好后，就可以将本地测试好的Web应用系统上传到云服务器上。由于技术栈种类较多，每种语言都有自己的一套运行环境，具体实施时可以基于选择的后端服务器语言部署步骤作为问题发给ChatGPT。例如，以Python语言为服务器后端语言时，就需要做如下准备。

（1）安装Python。在选定的操作系统上安装Python解释器，可以选择官方发行版或适用于特定操作系统的发行版。有的云服务器操作系统环境已经配置好了Python环境，但需要使用之前再查看一下Python的版本。如果不满足要求，还是需要重新下载安装。

（2）安装配置虚拟环境。由于Python项目会有较多的依赖库，为方便管理和运行环境隔离，需要在操作系统中安装配置虚拟环境，即先使用pip来安装virtualenv库，然后执行virtualenv库指令创建虚拟环境并激活。

（3）安装Python Web框架。不管选用Django、Flask和FastAPI还是其他的Python Web框架，都可以使用pip在上述的虚拟环境项目中执行安装。安装成功后就可以开始使用了。

（4）上传代码。使用ftp或者其他方式，将本地测试成功的项目目录上传到云服务器中之前创建的虚拟环境目录中，保证所有文件都上传成功。

（5）安装依赖库。在虚拟环境项目中，使用pip安装本地运行环境中的依赖库。在实际开发过程中，可以在本地运行项目中使用pip freeze命令将所有依赖库保存到requirements.txt文件中，然后上传云服务器后直接使用pip install -r requirements.txt将所有项目依赖库都安装。

（6）配置数据库服务。根据应用需求配置数据库（如MySQL、PostgreSQL和SQLite等），并创建必要的数据库表。如果有测试数据，还需要在数据库中导入测试数据。

（7）配置Web服务器。对于Python Web项目，测试环境下可以直接使用Python解释器去执行相应的启动文件或者官方指定的操作指令。生产环境中则需要配置Web服务器（如Gunicorn和uWSGI）以运行Python应用。同时，使用Nginx或Apache等反向代理服务器，将HTTP请求转发给Web服务器。

（8）测试运行。上述步骤准备好之后，就可以开始在云服务器环境中部署运行了。在正式对外发布之前还需要做好测试。登录Web应用系统的后端增加一些测试数据，查看后端管理功能是否正常；访问前端网页，查看数据渲染显示是否正常，同时有交互请求的部分也进行数据发送测试，记录系统反馈和耗时等指标。

2.4.3 运营维护

Web应用系统正式上线后，就进入运营维护阶段了。运营维护包括系统监测、备份与恢复、系统更新、性能优化、故障处理、技术文档和用户支持等多方面内容，主要是为了保障系统能够持续运行，相关线上业务能够正常开展。需要持续监测整个系统运行的软硬件环境是否正常，如服务器的硬件环境监测和系统的运行日志，保障系统不受外部因素影响，如病毒和外部攻击等。如果系统出现了故障，就需要有操作文档和相关的处理手段在第一时间恢复业务。定期备份是非常重要的系统保障手段，可以设定一定时间间隔进行数据库备份，以备不时之需。更复杂的Web应用系统在上线后还需要有用户支持中心，同时有技术手段根据用户的合理需求不断改进系统本身，提升系统的稳定性。

2.5 小结

本章主要对Web应用系统开发基础知识进行介绍，包括Web应用系统开发概述、前后端开发技术、Python Web主流开发框架和Web应用系统部署等内容。由于篇幅有限，书中就这些内容仅做了较为简单的描述，更多的内容可以继续使用ChatGPT咨询。实际上，本章大部分内容都可以使用标题作为提示词关键内容构成问题，通过ChatGPT输出答案。提示词内容准确，ChatGPT输出的反馈也是合理的、可靠的。

第 3 章

Python Django 框架开发基础

Django 框架一直是 Python 用于 Web 应用系统开发时的首选，因为其既有成熟的社区、文档和应用案例，也有强大的 Admin 后端管理系统。开发者只需按照框架提供的语法和步骤就能完成一个 Web 应用系统的开发，这样可以将更多的注意力放在业务应用方面，从而提高开发的效率。本章将介绍 Django 框架开发时的一些基础内容，包括 Django 框架概述、Django 框架核心组件、开发环境准备、第一个 Django 项目搭建和第二个 Django 项目应用开发等，帮助读者认识 Django 框架并能自主开发一个项目应用。同时，读者在参考本书时，也可以使用书中的章节标题作为提示词中的关键内容去咨询 ChatGPT，以积累更多的基础知识和开发技巧。

3.1 Django框架概述

3.1.1 Django框架的起源与设计哲学

Django框架的诞生可以追溯到2003年,由Adrian Holovaty和Simon Willison创建。最初,他们是为了提高新闻网站的开发效率而构建的这个框架。Django框架的设计哲学体现在"Django的目标是让复杂的事情变得简单,让简单的事情变得容易"这一宗旨中。这一理念贯穿于整个框架,使得开发者能够专注于业务逻辑而不必过多考虑烦琐的底层实现。

目前使用Django框架已经开发了超过12000个流行项目,知名的包括豆瓣、youtube和果壳网等。这个出色的Python框架通过大量复杂的功能简化了Web应用程序的开发过程,它由大量库组成,可显著减少所需的编码量并使组件可重复使用。由于Django提供了高效的开发框架,因此Python程序员可以轻松地使用较少的代码完成一个正式网站所需的大部分功能,并且可以进一步开发出全功能的Web应用程序。

Django框架目前最新版本为5.2,其框架官网首页见图2-7。国内有许多网站提供了Django操作教程,如菜鸟教程和Django中文教程网等。

3.1.2 Django框架MTV设计模式

区别于传统的MVC设计模式,Django框架采用了MTV(Model-Template-View)设计模式,旨在简化Web应用系统的开发。这3个字母也分别代表了Django框架的3个核心组件。

(1) Model(模型层):用于定义数据结构,与数据库交互,以及处理数据相关的逻辑。模型定义了应用程序中的数据对象,包括数据库表的结构以及与数据相关的操作。

(2) Template(模板层):用于定义用户界面的呈现方式。模板是HTML文件的一种扩展,其中包含了动态生成的内容,使得开发者能够将数据呈现为用户可视的界面。

(3) View(视图层):用于处理用户请求,与模型和模板协同工作,最终生成HTTP响应。视图包含了业务逻辑,用于处理用户的输入,并决定如何呈现数据给用户。

除了上述3个核心组件外,在构建Web应用系统时,Django还需要另外一个核心组件,即URL路由层。在该路由层中,Django使用URLconf(URL配置)将URL映射到相应的视图。通过简单的正则表达式,开发者可以轻松配置应用程序的URL结构,实现清晰的URL设计和RESTful风格。这几个核心组件协同工作,使得开发者能够轻松构建出高效和可维护的Web应用系统,如图3-1所示。

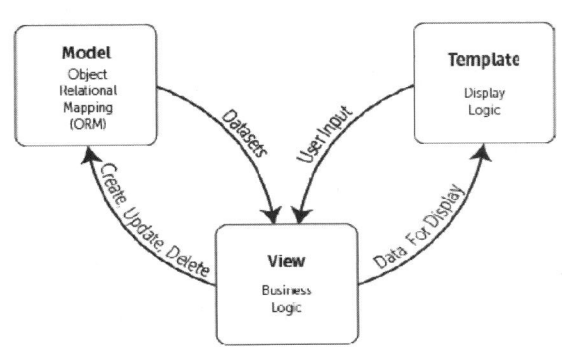

图3-1 Django框架的MTV设计模式

3.1.3　Django 框架的 Admin 后端管理系统

　　Django框架提供了强大的Admin后端管理功能，开发者只需创建模型层就可以自动拥有一个可视化Admin后端管理系统，极大地节约了开发者的时间，提高了开发效率。Admin后端管理系统自动生成基于模型的管理界面，如图3-2所示，它支持数据的增删改查，同时提供了丰富的（如筛选、搜索和排序）功能。如果选用其他的编程语言来做服务器后端开发，就需要花费不少时间去手动开发一个后端管理，这也是众多开发者选择Django作为首选框架的原因之一。

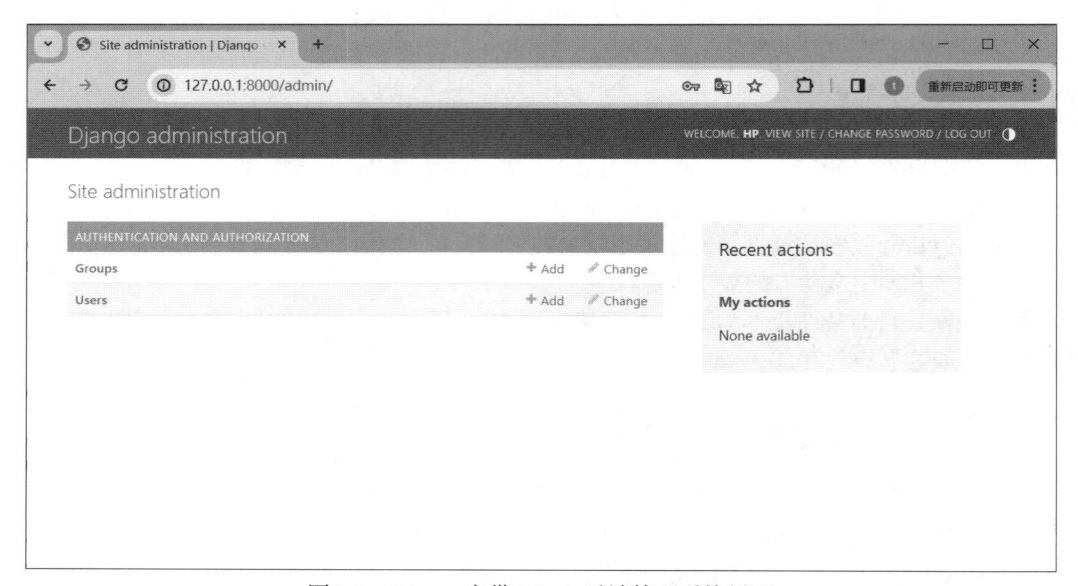

图3-2　Django自带Admin后端管理系统界面

3.2　Django框架的核心组件

　　MTV属于Django的设计模式，实际项目开发过程中仍然需要从创建项目和应用开始。在介绍开发流程之前，先对Django框架的几个核心组件进行详细讲解。

3.2.1　核心组件之 Model

　　Model 是Django中处理数据的组件，也就是与数据库连接的组件。这里可以通过定义的方式来创建数据表结构，也就是说可以在数据库中不用直接创建，而且在开发过程中只要给出数据库的链接方式和数据库名称即可，其他的都交给定义的Model组件来完成。具体使用时需要结合需求分析和业务功能来定义。Model组件定义了应用程序中的数据结构，包括数据库表的字段、关系和行为。其本身就是一个Python类，每个模型类对应数据库中的一个表。这样在其他地方就可以通过import方式来导入，从而实现Model组件与其他业务之间的关联。

　　以下是一个简单的Django模型的示例。如果想开发一个博客系统，就可以在Model组件中定义一个博客文章类，通过该类的定义即可完成数据模型的创建。

参考如下代码：

```python
from django.db import models

class Article(models.Model):
    title = models.CharField(max_length=200)
    content = models.TextField()
    pub_date = models.DateTimeField('date published')

    def __str__(self):
        return self.title
```

在这个示例中，Article是一个模型类，它继承自models.Model。模型类的每个字段都是一个数据库表中的列，而字段的类型决定了数据库中相应列的数据类型。

CharField 表示字符串字段，max_length 指定了最大长度。

TextField 表示文本字段，适用于较长的文本。

DateTimeField 表示日期时间字段，用于存储日期和时间。

模型类中的 __str__ 方法定义了模型的字符串表示形式，通常用于在Django管理后端中显示模型对象的可读表示。

模型类定义了数据结构，但在使用之前，还需要通过数据库迁移来创建或更新数据库表。Django提供了 makemigrations 和 migrate 命令来管理数据库迁移。

```
# 生成数据库迁移文件
python manage.py makemigrations

# 执行数据库迁移
python manage.py migrate
```

这两个命令会根据模型类的变更生成数据库迁移文件，并将这些变更应用到数据库中。操作完成后，Article 模型类对应的数据库表就创建好了。上述内容可以参考使用如下提示词。

ChatGPT提示词模板：

☑ 想开发一个博客系统，如何在Model组件中定义一个博客文章类？

3.2.2 核心组件之 Template

Template是Django中处理用户界面的组件，负责UI呈现的任务。它定义了Web应用的HTML结构和呈现方式。Template使开发者能够将动态生成的数据嵌入到静态HTML中，以便最终呈现给用户。其后缀也是HTML，通过html标签和Django的Template引擎混合显示内容。

Django使用自带的Template引擎来处理Template，它支持模板继承、变量替换和条件语句等功能。继续以上述的博客系统案例为例，下面是一个简单的博客文章显示模板的示例：

```html
<!DOCTYPE html>
<html>
<head>
    <title>{{ article.title }}</title>
</head>
<body>
    <h1>{{ article.title }}</h1>
    <p>{{ article.content }}</p>
    <p>Published on: {{ article.pub_date }}</p>
</body>
</html>
```

在这个示例中，{{ article.title }}、{{ article.content }} 和 {{ article.pub_date }} 是模板变量，分别对应数据模型中定义的博客文章的3个属性。它们会被动态替换为具体的数据。在Django中，模板变量由双大括号表示。

Template还支持一些控制结构，如条件语句和循环等，可以根据不同的情况动态生成内容。Template的强大之处在于它允许开发者将数据和界面分离，提高了代码的可维护性和复用性。

上述内容可以参考使用如下提示词。

ChatGPT提示词模板：

☑ 我是一名开发者，在上述博客文章模型基础上，请给出一个Django的模板示例。

3.2.3 核心组件之View

View是Django中处理用户请求的组件，它包含了业务逻辑，负责接收用户的输入、调用模型获取数据和调用模板呈现数据，并最终生成HTTP响应。View可以返回HTML页面和JSON数据等不同类型的响应。这个View虽然可以翻译成视图，但其角色是控制器。从这个角度来说，Django的MTV架构与MVC是一致的，Model负责数据模型，Template负责显示，View负责业务逻辑控制器。

下面是处理博客文章显示的函数视图代码示例。基本思路是先调用模型类读取数据，然后返回给模板进行渲染显示。

```python
from django.shortcuts import render
from django.http import HttpResponse
from .models import Article

def article_detail(request, article_id):
    article = Article.objects.get(pk=article_id)
    return render(request, 'articles/article_detail.html', {'article': article})
```

在这个例子中，article_detail是一个函数视图，它接收request对象和article_id参数。通过Article.objects.get(pk=article_id)获取特定文章的数据，然后使用render函数将数据传递给模板进行呈现。

View中的业务逻辑可以包括用户认证、数据查询和表单处理等操作，开发者能够将不同的功能进行模块化组织，以提高代码的可读性和可维护性。

上述内容可以参考使用如下提示词。

ChatGPT提示词模板：

☑ 在上述博客文章模型基础上，请给出一个处理博客文章的视图示例。

3.2.4 核心组件之URL

与MVC不同的是，要想MTV架构完整运转，还需要一个路由配置URL。在Django中，通过URL配置将用户请求映射到相应的View。URL配置由项目的 urls.py 文件定义，它包含了URL模式和对应的视图处理函数或类。

下面继续博客文章的案例，在定义了Model、Template和View后，如果想在浏览器中访问，就需要定义URL路由，即访问路径。在Django中，可以在urls文件中定义访问的方式。下面是一个简单的URL配置示例：

```python
from django.urls import path
from .views import article_detail

urlpatterns = [
    path('articles/<int:article_id>/', article_detail, name='article_detail'),
]
```

在这个示例中，path('articles/<int:article_id>/', article_detail, name='article_detail') 定义了一个URL模式，它将以 articles/ 开头的URL映射到 article_detail 视图，并将匹配的文章ID作为参数传递给视图。

URL配置使开发者能够定义Web应用的导航结构，通过清晰的URL模式将不同的请求分发给相应的视图处理。

上述内容可以参考使用如下提示词。

ChatGPT提示词模板：

☑ 在上述博客文章模型基础上，请给出一个处理博客文章的URL配置示例。

3.2.5 Django 框架的工作流程

综合考虑Model、Template、View和URL配置，Django框架的工作流程示意（参考菜鸟教程）如图3-3所示。具体可以总结为以下几个步骤。

（1）用户发送请求：用户在浏览器中输入URL或点击页面链接，发起HTTP请求。

（2）URL 路由：Django的URL配置将请求的URL与相应的视图函数或类匹配。

（3）视图处理：匹配的视图函数或类处理请求，执行业务逻辑，可能包括数据查询和表单处理等。

（4）模板呈现：视图调用模板引擎，将数据嵌入模板，生成动态的HTML页面。

（5）HTTP 响应：生成的HTML页面作为HTTP响应返回给用户，用户在浏览器中看到渲染后的页面。

这个工作流程是一个简化的描述，实际上，Django框架还包括许多其他功能，如中间件、静态文件处理和用户认证等。在开发过程中，开发者主要关注Model、Template、View和URL配置，通过它们协同工作，构建出具有丰富功能和良好结构的Web应用。

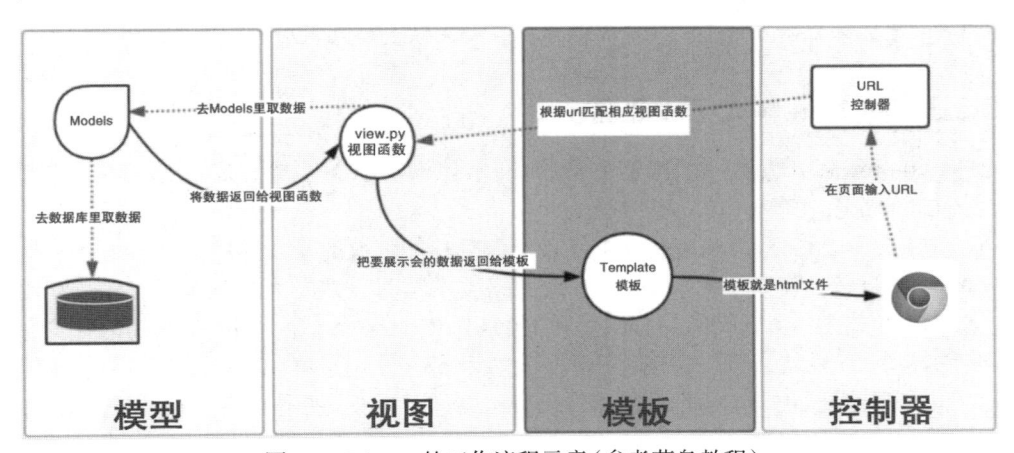

图3-3 Django的工作流程示意（参考菜鸟教程）

3.3 开发环境准备

虽然ChatGPT是一个云服务应用软件，有丰富的知识，但具体到实际Web应用开发时，建议先在本地或测试环境中进行，测试运行正常后再发布到正式环境中。因此，如果选择在本地电脑环境中进行Web应用开发，就需要有开发环境的准备；如果选择在一些配置好的云服务器中进行Web应用开发，就可以略过这一步。同时，如果将开发环境准备类似的提示词抛给ChatGPT，给出的反馈就仅仅是一个参考步骤，具体实现还是要结合实际环境。下面将介绍在本地电脑中的开发环境准备。

3.3.1 Python 版本的选择

由于本书是基于Python进行Web开发的，需要读者对Python语言比较熟悉，具备一些基础知识，因此其下载与安装这里不再赘述。需要读者注意的是，Python语言的版本是在不断更新的。如果访问Python的官网，就可以看到Python的最新版本为3.12.1，如图3-4所示。

图3-4 Python官网部分截图

Python的版本非常多，在实际应用开发中建议读者选择Python版本在3.8以上。如果开发环境为Linux操作系统（Centos或Ubuntu），就尽可能下载适应于Linux的Python，同时选择其版本在3.8以上。如果开发环境为Mac操作系统，就需要下载配置对应版本的Python。

3.3.2 Python 集成开发环境

对于Python编程开发，一般都需要选择集成开发环境IDE，最主流的就是Visual Studio Code或PyCharm。

Visual Studio Code是一款由微软出品、开源且功能强大的开发环境软件，支持多类编程语言（如Go、Python、PHP和C++等）的应用程序文本编写，集成了许多提高编程开发效率的插件，包括C微软的CoPilot智能编程工具和智谱AI的CodeGeeX等。同时，其还内置了命令行工具和版本控制Git模块，可以实现远程联网开发和部署。用户可以直接从官网上下载后安装到本地，其官网首页如图3-5所示。更多使用方法也可以参考其操作手册。

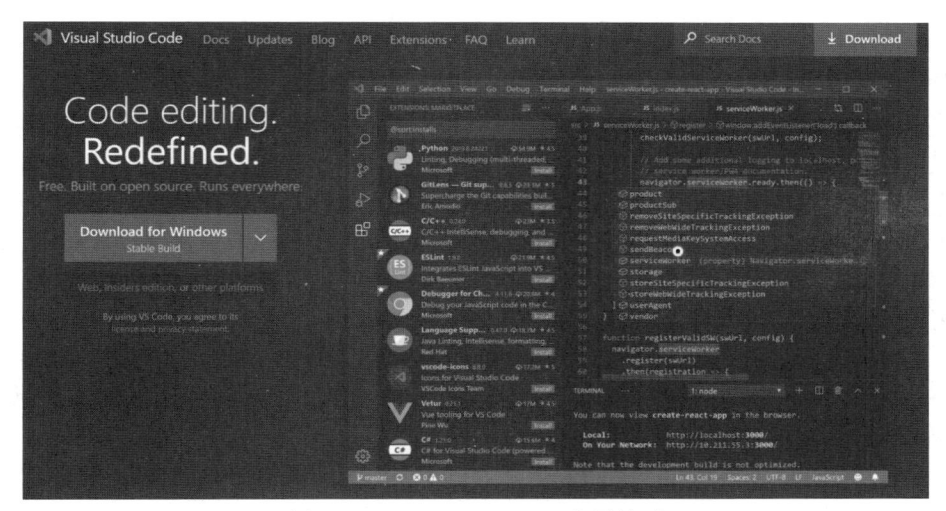

图3-5　Visual Studio Code官网首页

　　PyCharm是专为Python语言研发的一个集成开发环境，功能强大且使用方便。大多数Python程序员喜欢选用这个软件。PyCharm提供了两种类型版本：社区版和专业版。其中，社区版可以免费使用，但功能相对受限；专业版则提供了一些成熟的框架模板供选择。例如，专业版可以直接创建好Django项目结构或Flask项目。其官网首页如图3-6所示，首页中提供了下载方式。如果读者是高校学生或教师，并且有学校官方邮箱地址，就可以申请专业版的免费许可；否则，只能选择社区版下载。

　　这两种集成开发环境都深受开发者和社区喜爱，因此在这里不去做建议选择，读者可以根据自身的习惯来决定。本书在示例过程中选择了PyCharm社区版：一方面，在使用PyCharm创建项目时，系统会自动配置虚拟环境，不使用命令行操作，这样可以更快进入Django项目的开发；另一方面，在ChatGPT的辅助下，可以一步步地开展Django项目开发，读者可以更深入地理解和使用Django框架的MTV模式，掌握Django框架的精髓。这里省略具体的安装步骤，读者下载后可以按照提示一步步完成。

图3-6　PyCharm官网首页

3.3.3 数据库的配置

数据库是Web项目的基础，因此在Web应用开发时需要选择配置数据库。目前的数据库种类较多，在传统的关系型数据库中，MySQL是最受欢迎的，同时，SQLite轻量型数据库也广受好评。MySQL可以满足大多数互联网场景下的数据存储需求，其社区版是开源免费的，因此被许多中小型企业选用作为系统开发的数据库。SQLite属于轻量型的关系型数据库，以文件方式存储在本地，配置简单且便于移植。在Django框架中默认安装了SQLite，可以直接使用SQLite作为数据库。

因为数据库的选择取决于存储数据的形式，所以如果以文件方式存储，就可以选择SQLite；如果以网络方式配置数据存储，就需要选择MySQL。如果选择了MySQL，就需要下载安装和配置MySQL数据库。

安装 MySQL 数据库通常需要几个步骤。以下是在常见操作系统上安装 MySQL 的基本指南。

（1）在 Windows 上安装 MySQL。MySQL 提供了一个名为 MySQL Installer 的程序，可以方便地在 Windows 上安装 MySQL 服务器和相关工具。

1）下载 MySQL Installer：访问 MySQL 官方网站的下载页面，下载适用于 Windows 的 MySQL Installer。

2）运行 MySQL Installer：双击下载的 MySQL Installer 安装程序，启动安装向导。

3）选择安装类型：在安装向导中，选择"Developer Default"或"Server only"安装类型，将安装 MySQL 服务器和常用工具。

4）设置安装配置：按照向导的指示进行 MySQL 的安装配置，包括安装路径和端口号等。

5）安装完成：完成安装配置后，MySQL Installer下载并安装所选的 MySQL 组件。

（2）在 Ubuntu 上安装 MySQL。

1）打开终端，运行以下命令更新 apt 软件包索引：

```
sudo apt update
```

2）安装 MySQL 服务器软件包：

```
sudo apt install mysql-server
```

3）安装过程中会提示设置 root 用户的密码，请根据提示完成设置。

4）安装完成后，MySQL 服务器会自动启动。可以运行以下命令来检查 MySQL 服务器的状态：

```
sudo systemctl status mysql
```

5）在终端运行以下命令进入MySQL 数据库，并使用SQL命令测试操作数据库：

```
mysql -uroot -p
```

（3）在 CentOS 上安装 MySQL。

1）打开终端，使用 yum 包管理器安装 MySQL 服务器软件包：

```
sudo yum install mysql-server
```

2）安装完成后，MySQL 服务器不会自动启动。可以运行以下命令来启动 MySQL 服务器并设置其随系统启动时自动启动：

```
sudo systemctl start mysqld
sudo systemctl enable mysqld
```

3）安装过程中会生成一个临时密码，可以使用以下命令获取这个密码：

```
sudo grep 'temporary password' /var/log/mysqld.log
```

4）使用生成的临时密码登录 MySQL：

```
mysql -u root -p
```

5）输入临时密码并按Enter键。进入 MySQL 后，根据提示修改 root 用户的密码。同时也可以使用基本的SQL指令来测试数据库。

（4）在 macOS 上安装 MySQL。

1）使用 Homebrew 包管理器安装 MySQL：

```
brew install mysql
```

2）根据提示执行以下命令来启动 MySQL 服务器：

```
brew services start mysql
```

3）运行以下命令来设置 MySQL 的 root 密码：

```
mysql_secure_installation
```

这些步骤可以在常见的操作系统上安装 MySQL 数据库。安装完成后，用户可以通过相应的命令行工具或图形用户界面管理工具（如 MySQL Workbench）来管理 MySQL 数据库。

上述内容可以参考使用如下提示词。

ChatGPT提示词模板：

☑如何在不同的操作系统环境下安装MySQL数据库？

在项目开发过程中，用户可以使用一些集成了MySQL的Web服务器环境软件，如PhpStudy小皮面板。虽然PhpStudy小皮面板的主打服务器语言为PHP，但在该面板上还提供了MySQL和数据库相关的可视化编辑管理工具，非常好用。从其官网（官网首页如图3-7所示）上下载PhpStudy安装包到本地电脑后，启动PhpStudy小皮面板，就可以在主窗口上启动MySQL，省去了下载安装MySQL的麻烦，如图3-8所示。默认版本为5.7，如果要使用8.0版本的MySQL，则需要从【软件管理】中安装MySQL8.0的版本即可。

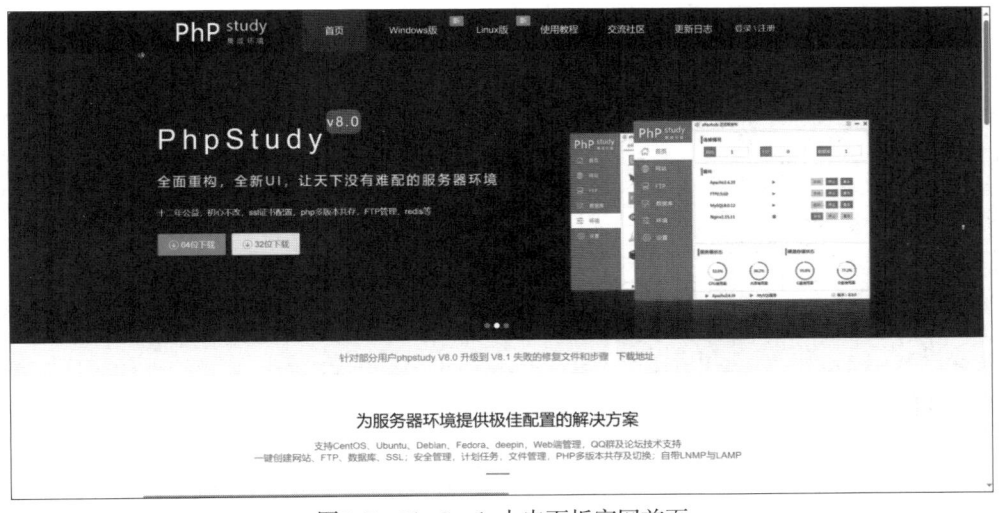

图3-7　PhpStudy小皮面板官网首页

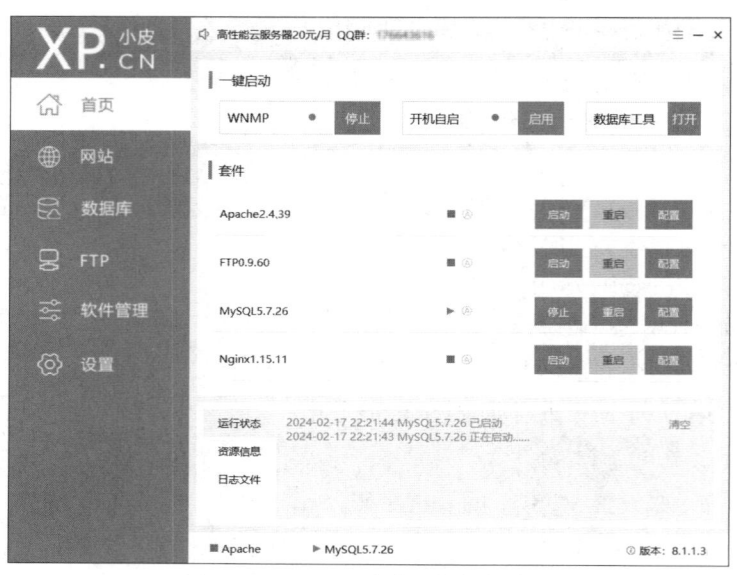

图 3-8　PhpStudy小皮面板软件首页

在主窗口中单击【数据库】选项，进入数据库面板页面，在该页面中可以直接创建数据库，同时也可以修改root用户密码，如图3-9所示。

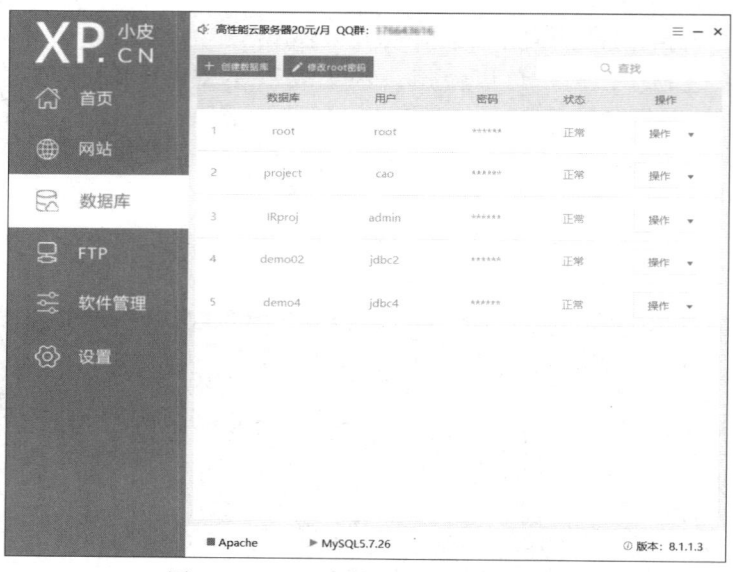

图 3-9　PhpStudy数据库管理面板页面

在主窗口（图3-8）中还提供了数据库可视化管理工具，单击主窗口右上方的【数据库工具】按钮，弹出【SQL_Front】和【PhpMyAdmin】两个用于数据库可视化管理的软件，选择其中一个即可。如果没有这两个选项，就需要从右边主面板的【软件管理】窗口中选择后安装。图3-10所示为MySQL_Front数据库登录页面。在这个登录页面所弹出的窗口中输入数据库所在的服务器地址（如果为本地数据库，则使用localhost），输入用户名和密码，选择创建的数据库名称，单击【确定】按钮，进入MySQL_Front数据库可视化管理页面，如图3-11所示。

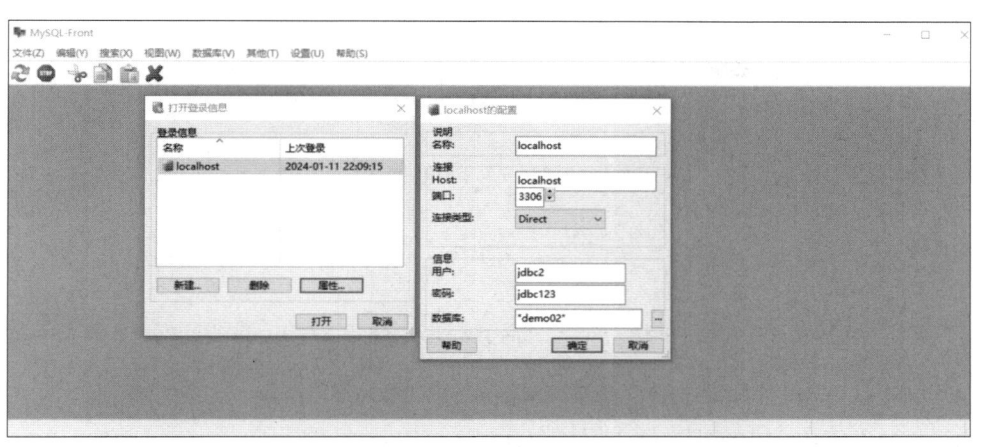

图 3-10　MySQL_Front数据库登录页面

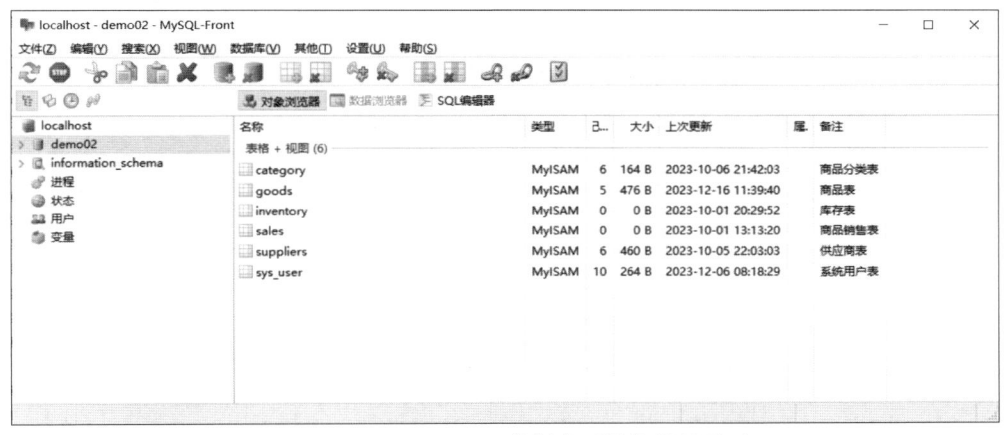

图 3-11　MySQL_Front数据库可视化管理页面

在图 3-11 中选择数据库名右击，在弹出的快捷菜单中选择【新建】命令，就可以开始创建新的数据表，如图 3-12 所示。同时，在该页面的【字段】面板中可以直接创建字段，完成构建数据库结构，如图 3-13 所示。

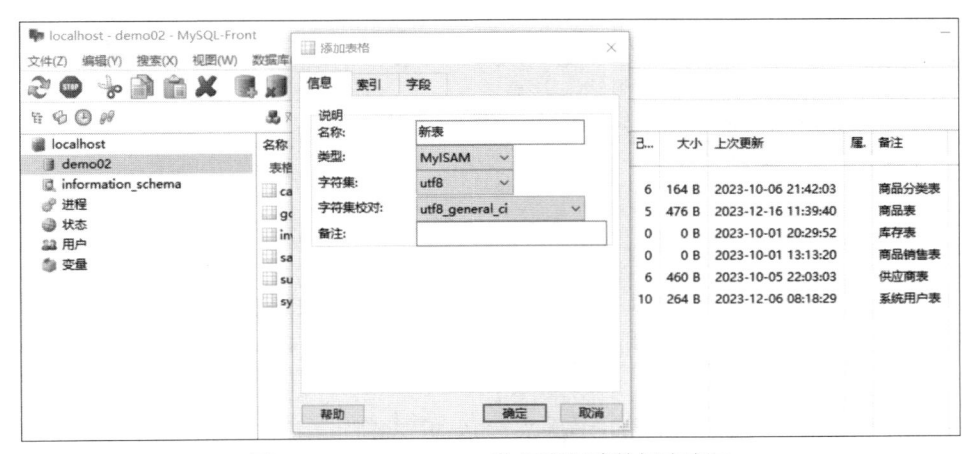

图 3-12　MySQL_Front数据库创建数据表窗口

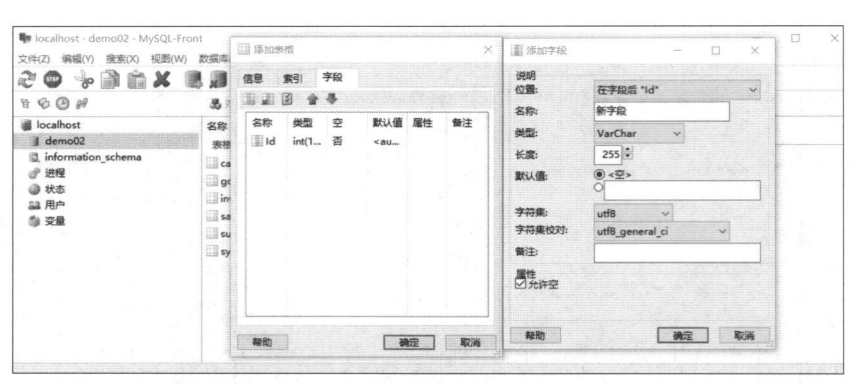

图3-13　MySQL_Front数据库添加字段窗口

如果创建数据库和数据表都使用SQL命令，还可以直接在【SQL编辑器】中编写SQL代码，如图3-14所示。

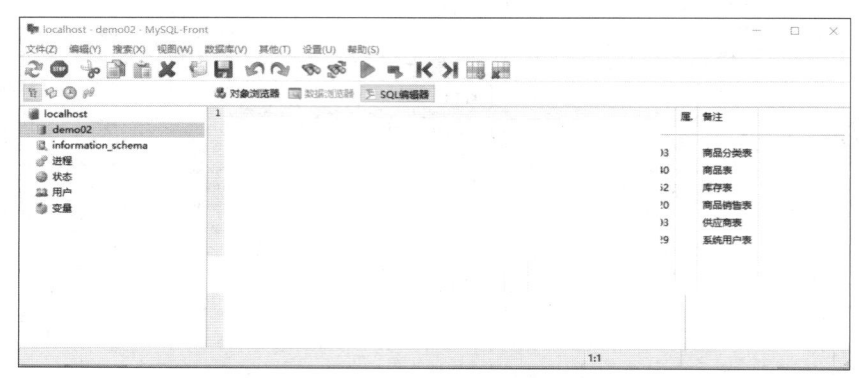

图3-14　MySQL_Front数据库SQL编辑器窗口

3.4　创建第一个Django项目

本节将详细介绍如何创建并配置第一个Django项目，以及项目中一些基础的文件和目录结构。也可以参考下面的提示词模板，根据ChatGPT的反馈答案完成项目创建。

ChatGPT提示词模板：
☑如何搭建我的第一个Django项目？

3.4.1　安装 Django 库

在创建项目之前，要确保已准备好开发环境和工具，即使用PyCharm社区版创建一个项目。在项目创建成功后，打开PyCharm的终端（或命令提示符）并运行以下命令安装Django库：

```
pip install django
```

上述命令默认会安装最新版本的Django。如果想安装特定版本，可以使用以下命令：

```
pip install django==版本号
```

3.4.2 创建 Django 项目

安装完Django后,继续在命令行中输入以下命令创建一个新的Django项目:

```
django-admin startproject 项目名
```

将"项目名"替换为用户想要的项目名称。例如,如果想创建一个名为"myfirstproject"的项目,可以运行以下命令:

```
django-admin startproject myfirstproject
```

上述命令将在当前目录下创建一个名为"myfirstproject"的Django项目。用户也可以根据实际情况选择不同的项目名称。

3.4.3 项目结构介绍

创建完项目后,进入以下项目目录:

```
myfirstproject/
│
├── myfirstproject/
│   ├── __init__.py
│   ├── asgi.py
│   ├── settings.py
│   ├── urls.py
│   └── wsgi.py
│
└── manage.py
```

下面简要介绍一下这些文件和目录的作用。

(1) myfirstproject/:Django项目的主目录,它包含了项目的配置文件及子应用(如果有的话)。

(2) __init__.py:一个空文件,标识该目录是一个Python包。

(3) asgi.py:ASGI(Asynchronous Server Gateway Interface)的入口文件,用于支持异步请求处理。

(4) settings.py:项目的配置文件,其中包含了Django项目的设置,如数据库配置和静态文件路径等。

(5) urls.py:定义项目的URL映射关系,即将不同URL指向不同的视图。

(6) wsgi.py:WSGI(Web Server Gateway Interface)的入口文件,用于支持传统的同步请求处理。

(7) manage.py:一个命令行工具,用于执行多种Django管理任务,如运行开发服务器和进行数据库迁移等。

打开urls.py,框架默认提供了管理后端Admin的URL路由,同时给出了创建应用后的URL配置方法:

```
"""
URL configuration for myfirstproject project.

The 'urlpatterns' list routes URLs to views. For more information please see:
```

```
    https://docs.djangoproject.com/en/4.2/topics/http/urls/
Examples:
Function views
    1. Add an import:  from my_app import views
    2. Add a URL to urlpatterns:  path('', views.home, name='home')
Class-based views
    1. Add an import:  from other_app.views import Home
    2. Add a URL to urlpatterns:  path('', Home.as_view(), name='home')
Including another URLconf
    1. Import the include() function: from django.urls import include, path
    2. Add a URL to urlpatterns:  path('blog/', include('blog.urls'))
"""
from django.contrib import admin
from django.urls import path

urlpatterns = [
    path('admin/', admin.site.urls),
]
```

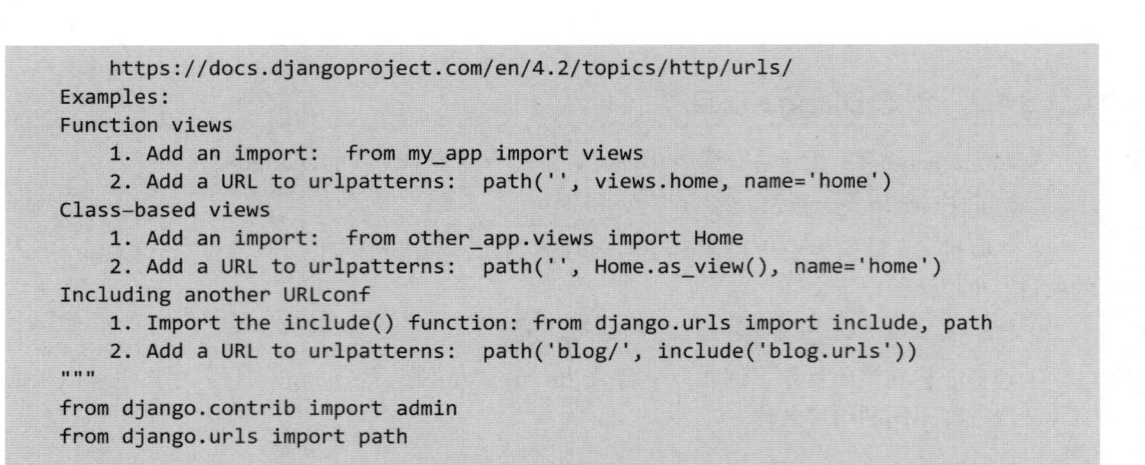

3.4.4 启动 Django 服务

运行Django的开发服务器，查看项目是否正常启动运行。在PyCharm的终端命令行中继续运行以下命令：

```
python manage.py runserver
```

如果没有异常情况出现，在终端中将看到以下输出：

```
Starting development server at http://127.0.0.1:8000/
Quit the server with CONTROL-C.
```

打开浏览器，访问 http://127.0.0.1:8000/，如果能够看到Django的默认欢迎页面，就表示项目已经创建成功，如图3-15所示。

图3-15　Django项目默认首页显示

在图3-15中，http://127.0.0.1:8000/默认是访问网站根目录，也就是整个Web应用系统的首页。在实际开发中，首先需要基于MTV模式设定好首页内容，然后配置URL路由指向首页视图模板。

3.5 第一个Django项目应用开发

创建Django项目相当于搭建了一个工程框架，目前还未包括任何业务模块。这里的业务就是App应用，每个应用拥有单独的数据模型和视图模板。例如，基于Django框架开发一个电商网站，业务单元包括用户、商品、订单、购物车、支付和客服等。在国内，几乎每天都会使用京东、淘宝和拼多多等电商Web应用系统，如果分析了电商系统用户端的操作流程，就能理解其业务单元。

3.5.1 创建 App 应用

下面以产品模块为例，创建第一个应用，并将此应用命名为products。也可以参考下面的提示词模板，根据ChatGPT的反馈答案完成应用创建。

ChatGPT提示词模板：
☑如何在创建好的Django项目中创建一个products应用？

在上述项目Pycharm控制台命令行中，使用以下命令进入已创建的Django项目：

```
cd myfirstproject
```

然后在命令行中继续使用Django提供的startapp命令创建products应用：

```
django-admin startapp products
```

当创建products应用后，在Django项目目录中就多了一个子目录，该子目录名为products，同时在该子目录下自动创建了一些文件，具体项目结构如下：

```
myfirstproject/
│
├── myfirstproject/
│   ├── __init__.py
│   ├── asgi.py
│   ├── settings.py
│   ├── urls.py
│   └── wsgi.py
├── products/
│   ├── __init__.py
│   ├── admin.py
│   ├── apps.py
│   ├── models.py
│   ├── tests.py
│   ├── migrations
│   │   ├── __init__.py
```

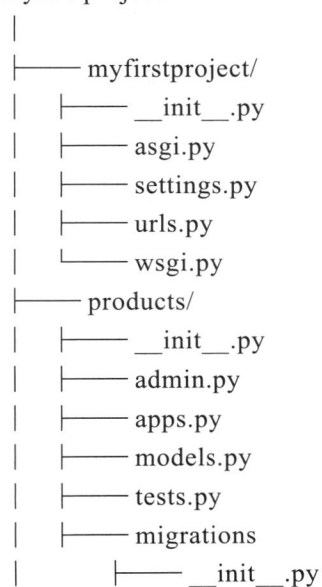

```
        │       └── views.py
        │
        ├── manage.py
        └── db.sqlite3
```

在上述创建的products应用目录中，每个Python文件的作用如下。

（1）admin.py：用于配置Django后台管理系统。可以在这个文件中注册数据模型，以便在后台管理界面中进行管理。

（2）apps.py：应用的配置文件，通常用于配置应用的元数据。

（3）models.py：用于定义应用的数据模型。模型是与数据库交互的核心，每个模型类对应数据库中的一个表。

（4）tests.py：包含应用的单元测试。可以在这个文件中编写测试用例，确保应用的各个部分都能按照预期工作。

（5）migrations/：包含Django数据库迁移文件，用于跟踪模型的变更并将这些变更应用到数据库。迁移是Django处理数据库模型变更的关键机制。

（6）views.py：用于定义应用的视图函数。视图函数用于处理HTTP请求，与模型交互并渲染相应的模板，返回HTTP响应。

在创建products应用后，需要先将应用名添加到项目的settings.py配置文件中，操作如下示例：

```
# Application definition

INSTALLED_APPS = [
    'django.contrib.admin',
    'django.contrib.auth',
    'django.contrib.contenttypes',
    'django.contrib.sessions',
    'django.contrib.messages',
    'django.contrib.staticfiles',
    'products'     # 添加的应用名
]
```

由于Django采用热部署方式，因此添加应用名后，系统可以自动完成该应用的加载。但在上面的应用目录中并没有urls.py路由配置文件，这是因为Django默认采用了项目目录下的urls.py来配置整个项目及子应用的视图路由。在实际开发中，如果子应用业务函数较多，就需要单独创建。

下面按照Django项目的开发流程来完成products应用模块的开发，即首先创建Model数据模型，并实现数据库的构建，然后定义视图模板Views和Templates，最后添加urls完成路由配置。

3.5.2 创建应用的 Model 模型

创建应用后，使用浏览器访问应用时会发现页面没有任何改变。这是因为当前还没有按照MTV设计模式给应用添加任何内容。

从3.5.1小节中的项目目录结构中可以发现，models.py文件在products应用目录中，也就是只有创建应用后，才能有数据模型的定义。同时，也说明数据模型是和实际应用模块相关的。下面以创建的products应用为例，这是产品的模块单元，Model模型是产品的数据模型，因此需要在products子应用目录的models.py文件中定义。

在products子应用目录的models.py文件中添加以下内容，定义一个Product类：

```python
# products/models.py

from django.db import models

class Product(models.Model):
    # 产品名称，最大长度255个字符
    name = models.CharField(max_length=255)

    # 产品描述，文本字段，用于存储较长的描述信息
    description = models.TextField()

    # 产品价格，使用DecimalField存储货币类型的价格，decimal_places表示小数位数
    price = models.DecimalField(decimal_places=2)

    # 产品库存数量，使用IntegerField存储整数，默认值为0
    quantity = models.IntegerField(default=0)

    def __str__(self):
        # 当对象被打印或表示为字符串时，返回商品名称
        return self.name
```

上述代码中，定义了Product类，包括name、description、price和quantity 4个属性。该类对应一个Product数据表，这4个属性分别表示该数据表的4个字段名称。该类中也完成了属性的定义，即对字段的类型定义。

下面使用Django框架提供的命令行工具实现数据库的迁移，创建数据库表和结构。为方便示例演示，这里直接使用Django框架自带的SQLite数据库。

运行以下命令：

```
python manage.py migrate
```

这个命令会检查项目中的所有应用，并根据模型（models）创建相应的数据库表。如果在开发过程中修改了模型，可以使用以下命令生成迁移文件并应用迁移：

```
python manage.py makemigrations
python manage.py migrate
```

以下为本次运行的结果：

```
(venv) PS E:\bh_proj\blogApp\myfirstproject> python manage.py migrate

Migrations for 'products':
  products\migrations\0001_initial.py
    - Create model Product

(venv) PS E:\bh_proj\blogApp\myfirstproject> python manage.py migrate
Operations to perform:
  Apply all migrations: admin, auth, contenttypes, products, sessions
Running migrations:
  Applying contenttypes.0001_initial... OK
  Applying auth.0001_initial... OK
  Applying admin.0001_initial... OK
  Applying admin.0002_logentry_remove_auto_add... OK
  Applying admin.0003_logentry_add_action_flag_choices... OK
  Applying contenttypes.0002_remove_content_type_name... OK
```

```
Applying auth.0008_alter_user_username_max_length... OK
Applying auth.0009_alter_user_last_name_max_length... OK
Applying auth.0010_alter_group_name_max_length... OK
Applying auth.0011_update_proxy_permissions... OK
Applying auth.0012_alter_user_first_name_max_length... OK
Applying products.0001_initial... OK
Applying sessions.0001_initial... OK
```

3.5.3 初试 Admin 后端

Django框架自带一个强大的Admin后端，下面基于这个案例介绍Admin后端对products产品的管理功能。

首先，需要创建一个超级用户。在命令行终端运行以下命令：

```
python manage.py createsuperuser
```

按照提示输入用户名、电子邮件地址和密码。其中密码要求至少8位。这个超级用户将用于登录Admin后端。以下为示例操作及结果：

```
(venv) PS E:\bh_proj\blogApp\myfirstproject> python manage.py createsuperuser
Username (leave blank to use 'hp'): hp
Email address:
Password:
Password (again):
Superuser created successfully.
```

然后，启动Django的开发服务器，查看项目是否正常运行。在命令行终端运行以下命令：

```
python manage.py runserver
```

为了验证Admin后端是否正常工作，可以访问 http://127.0.0.1:8000/admin/。使用前面创建的超级用户登录，进入Django的Admin后端用户登录页面，如图3-16所示。

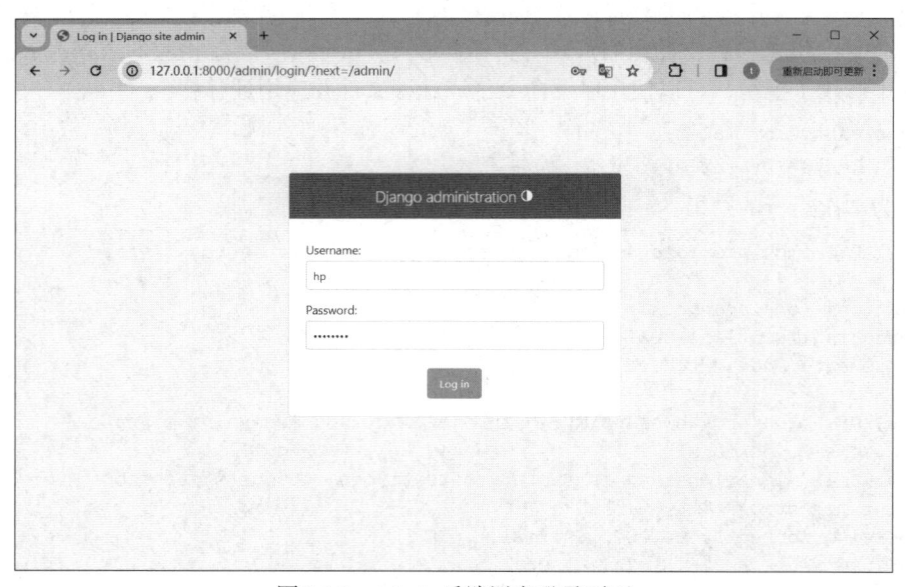

图3-16　Admin后端用户登录页面

从图3-17中可以看出，目前在Admin后端只提供了管理用户的相关管理，包括管理端用户的添加、修改和权限管理。界面中没有出现之前创建的products应用管理功能，这是因为在

products应用创建成功后，还需要在该应用的admin.py文件中将该模型的管理注册到管理端。

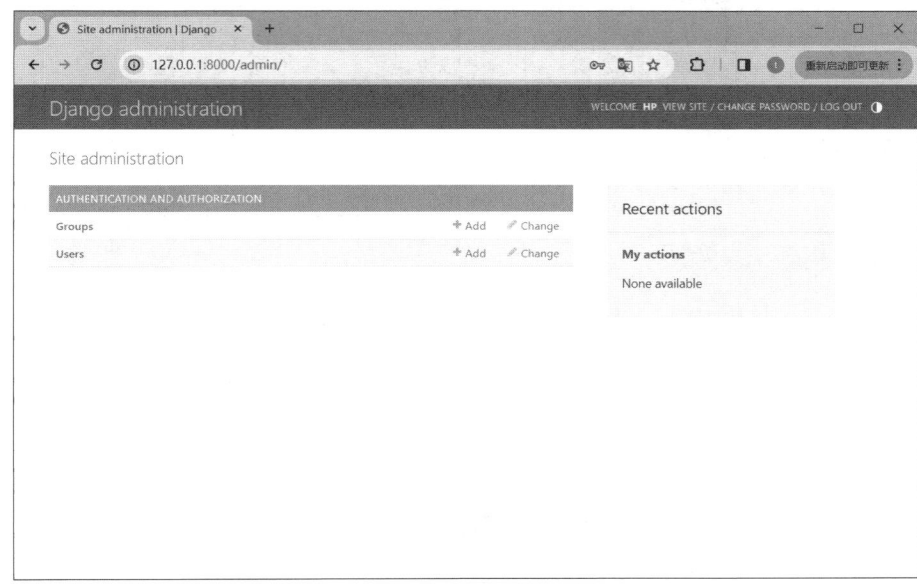

图3-17　Django框架自带Admin后端

下面打开products目录下的admin.py文件，在其中输入以下代码：

```
from django.contrib import admin
from .models import Product
admin.site.register(Product)
```

修改后保存，Django框架就自动实现了模型的注册添加。此时，如果重新登录Admin后端管理系统，可以看到Products应用的后台管理界面，如图3-18所示。

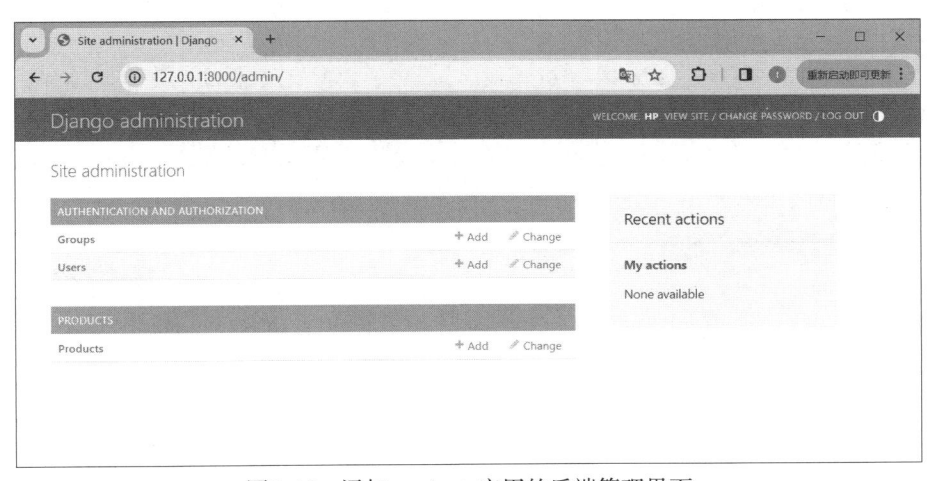

图3-18　添加products应用的后端管理界面

单击products应用中的【+Add】按钮，添加一个产品记录。因为Admin后端已经根据models模型的定义创建了输入的表单页面，所以直接在该页面中添加内容即可，如图3-19所示。

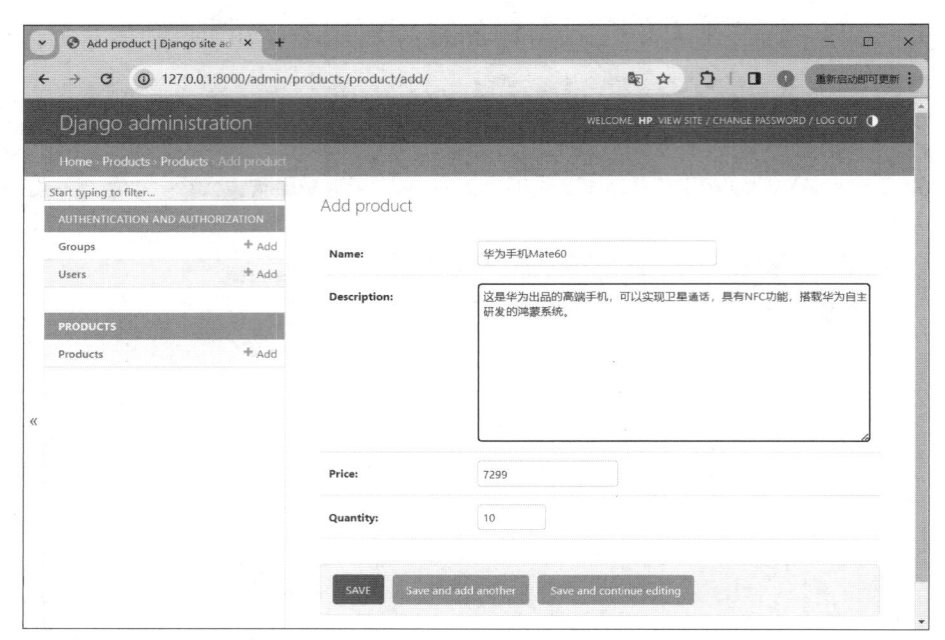

图3-19 新增产品记录页面

填写完成后,单击SAVE按钮就完成了第一条产品记录的保存。同时数据库中对应的products数据表也增加了一行记录。如果想继续添加,可以单击图3-19中的Save and add another按钮,保存后再添加一条记录。读者可以按此操作多添加几条记录。

此时,回到后端管理界面,即查看添加完成的产品记录,如图3-20所示。该界面显示了所有添加的记录条数,单击其中任意一条记录,即可进入其详情页面,如图3-21所示。在该页面中可以对现有的属性值进行修改,或者直接删除该条记录。这样就可以高效实现一个products应用模块的后端管理。

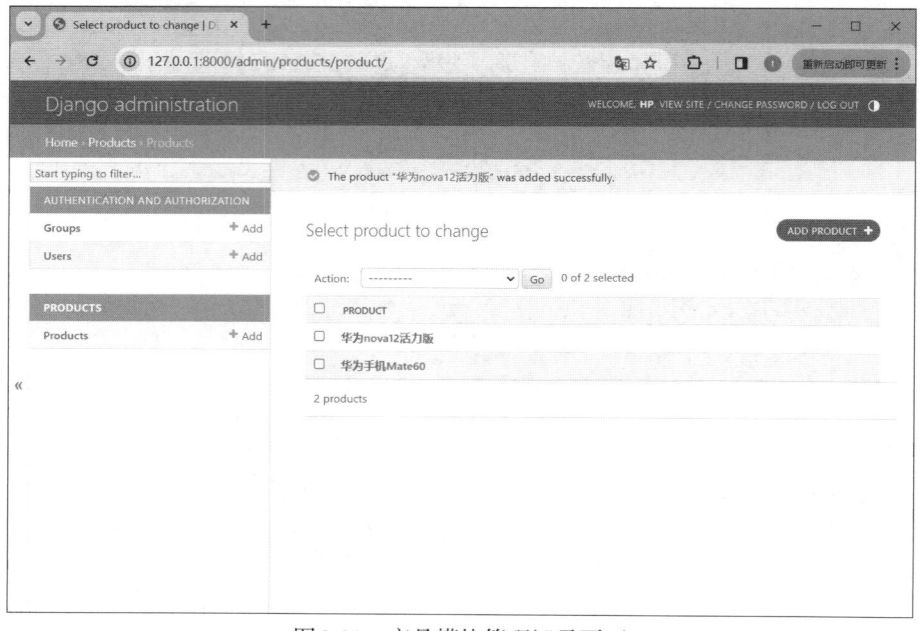

图3-20 产品模块管理记录页面

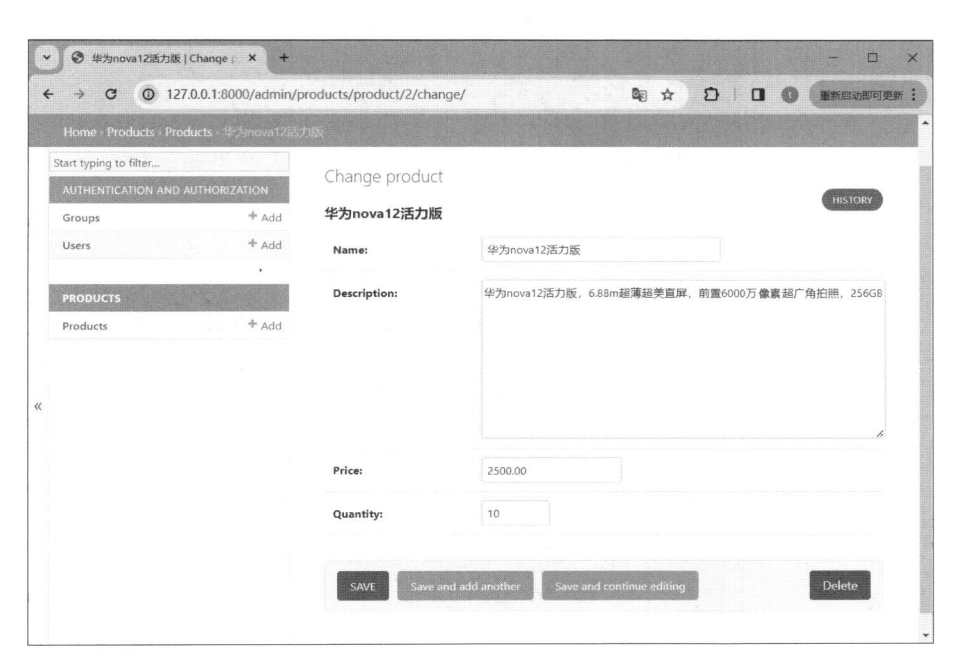

图3-21 对产品模块记录的管理

综上所述，实现一个应用的Admin后端管理基本流程就是：首先，创建一个基于业务需要的应用；然后，定义该应用的数据模型并将其注册到admin模块中；最后，可以基于命令行工具创建管理账户并实现该应用的数据增删改查管理功能。因为开发者需要编写的代码极少，所以基于Django规定的流程就可以很快创建一个后端管理系统，从而大大提高了开发效率。

3.5.4 前端视图模板开发

后端管理系统可以管理应用中的数据，但由于涉及数据记录的修改，因此开发时需要设定好对应的权限，不能让普通用户随意修改数据。为了实现商品的交易，还需要给用户一个前端页面，用于展示现有的商品并提供交易请求。下面基于这个商品模块前端展示需求案例介绍如何实现前端视图模块的开发。

参考下面的提示词模板，根据ChatGPT反馈的答案完成视图模块的开发。

ChatGPT提示词模板：

☑根据上述创建的products应用中的Model模型开展视图模板开发，需要在页面上以表格方式显示所有产品列表信息。

首先，进入products应用目录，打开views.py文件，在此定义业务逻辑函数。因为只需对数据库中的产品记录进行展示，所以可以使用Django框架提供的模型操作对象方式来实现查询，示例代码如下：

```python
# products/views.py

from django.shortcuts import render
from .models import Product

def product_list(request):
    # 从数据库中获取所有产品对象
    products = Product.objects.all()
```

```
# 使用render函数将产品列表传递给模板，生成包含产品信息的HTML页面
return render(request, 'products/product_list.html', {'products': products})
```

接下来，就要使用Django框架的另外一个核心组件Templates模板。templates是放置视图层的默认目录，因为在创建项目和应用时都没有该目录，所以需要手动创建。具体templates目录位置可以在项目settings.py全局设置中修改：

```
TEMPLATES = [
    {
        'BACKEND': 'django.template.backends.django.DjangoTemplates',
        'DIRS': [],    #修改位置
        'APP_DIRS': True,
        'OPTIONS': {
            'context_processors': [
                'django.template.context_processors.debug',
                'django.template.context_processors.request',
                'django.contrib.auth.context_processors.auth',
                'django.contrib.messages.context_processors.messages',
            ],
        },
    },
]
```

如果这里不设定模板位置，Django框架就会默认将templates目录放置在各个应用的目录中。从工程组织代码便利考虑，建议修改一下上述配置，将上述配置代码中的DIRS冒号后修改为BASE_DIR / "templates"，即

```
'DIRS': [BASE_DIR / "templates"],
```

将templates目录放置在工程目录下统一管理。此时，在项目目录中创建了一个templates目录。代码中给定了模板的路径为products/product_list.html，就是需要在templates目录中先创建一个products子目录，然后在该子目录下创建一个product_list.html文件。

此时，整个项目结构如下：

```
myfirstproject/
│
├── myfirstproject/
│   ├── __init__.py
│   ├── asgi.py
│   ├── settings.py
│   ├── urls.py
│   └── wsgi.py
├── products/
│   ├── __init__.py
│   ├── admin.py
│   ├── apps.py
│   ├── models.py
│   ├── tests.py
│   ├── migrations
│   │   ├── 0001_intial.py
│   │   ├── __init__.py
```

```
        │       └── views.py
        ├── templates/
        │   └── products
        │       └── product_list.html
        │
        ├── manage.py
        └── db.sqlite3
```

在视图views.py文件中,定义了将产品查询结果以产品列表的形式传递给模板,生成包含产品信息的HTML页面。案例中定义了product_list.html文件,也就是在这个html文件中显示动态的查询结果。

Django框架内置了模板引擎,可以使用独特的模板语法将动态查询结果显示到页面上。有关模板语法将在第4章进行详细介绍,这里先以显示产品列表的需求为例介绍一下实现方法。打开product_list.html网页文件并输入如下代码:

```html
<!-- products/templates/products/product_list.html -->

<!DOCTYPE html>
<html lang="en">
<head>
    <meta charset="UTF-8">
    <meta name="viewport" content="width=device-width, initial-scale=1.0">
    <title>Product List</title>
    <!-- 页面标题 -->
</head>
<body>

  <h2>Product List</h2>
  <!-- 页面标题,显示在页面上 -->

  <table border="1" >
    <!-- 表格,用于显示产品信息 -->
    <thead>
      <!-- 表头部分 -->
      <tr>
        <!-- 表头行 -->
        <th>Name</th>
        <!-- 表头列,显示产品名称 -->
        <th>Description</th>
        <!-- 表头列,显示产品描述 -->
        <th>Price</th>
        <!-- 表头列,显示产品价格 -->
        <th>Quantity</th>
        <!-- 表头列,显示产品库存数量 -->
      </tr>
    </thead>
    <tbody>
      <!-- 表体部分 -->
      {% for product in products %}
      <!-- 遍历产品列表,对每个产品进行处理 -->
      <tr>
        <!-- 表体行 -->
        <td>{{ product.name }}</td>
```

```html
            <!-- 表体列，显示产品名称 -->
            <td>{{ product.description }}</td>
            <!-- 表体列，显示产品描述 -->
            <td>${{ product.price }}</td>
            <!-- 表体列，显示产品价格 -->
            <td>{{ product.quantity }}</td>
            <!-- 表体列，显示产品库存数量 -->
        </tr>
        {% endfor %}
    </tbody>
  </table>
</body>
</html>
```

保存文件，即完成了产品信息列表的视图模板页面开发。

3.5.5 前端 URL 路由配置

截至目前，针对Product应用模块的视图模板都准备好了。如果想要在浏览器中访问产品信息列表，就需要进行urls路由配置，以将用户请求映射到相应的产品模块视图。

首先，在项目myfirstproject目录中编辑urls.py文件，进行全局路由配置，示例代码如下：

```python
# project/urls.py

from django.contrib import admin
from django.urls import include, path

urlpatterns = [
    path('admin/', admin.site.urls),
    path('', include('products.urls')),
]
```

urls.py文件是项目的主URL配置文件，定义了项目中所有URL的映射关系。具体注释如下。

path('admin/', admin.site.urls),：将/admin/路径映射到Django后台管理系统，允许管理数据库中的数据。

path('', include('products.urls')),：引入了products应用中定义的URL配置，并将其添加到项目的URL配置中。这样，当访问项目的根路径时，将由products.urls中定义的URL处理逻辑来处理。

然后，在products应用目录中新增一个urls.py文件，用于定义访问本应用时的路由配置，并添加如下代码：

```python
# products/urls.py

from django.urls import path
from .views import product_list

urlpatterns = [
    path('products/', product_list, name='product_list'),
]
```

以上代码中的urls.py文件是products应用的URL配置文件，定义了该应用中所有的URL规则。具体注释如下。

path('products/', product_list, name='product_list'),：定义了一个路径为/products/的URL规则，将其映射到product_list视图函数上，并将URL规则命名为product_list，方便在其他地方引用。

配置完成后保存，就完成了路由配置。接下来在浏览器中输入访问地址http://127.0.0.1:8000/products，就可以显示数据库中添加的两条产品信息，并且以列表的方式显示，如图3-22所示。

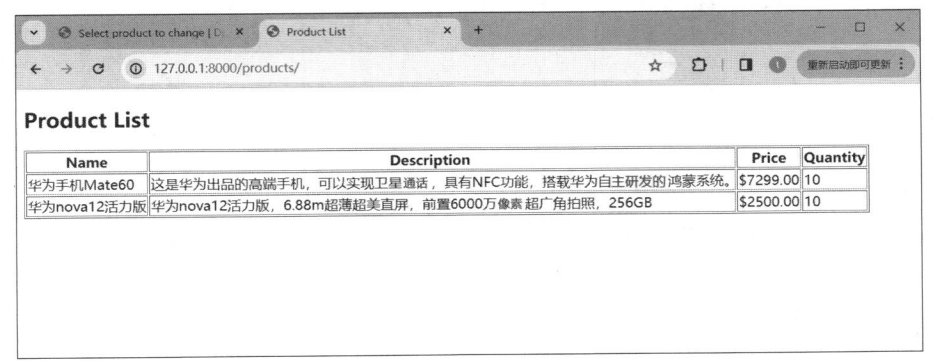

图3-22 前端产品信息展示列表页面

3.5.6 前端页面 CSS 样式美化

虽然用表格样式展示了产品记录，但页面并不漂亮。因为前端的主要功能就是用于展示数据，所以美观是第一要素。为了使页面更加美观，可以对HTML标记定义CSS样式。参考下面的提示词模板，根据ChatGPT反馈的答案完成模板CSS样式美化。

ChatGPT提示词模板：

☑将上述表格显示产品列表信息页面进行显示样式美化，并给出CSS代码。

ChatGPT：

```html
<!DOCTYPE html>
<html lang="en">
<head>
    <meta charset="UTF-8">
    <meta name="viewport" content="width=device-width, initial-scale=1.0">
    <title>Product List</title>
    <style>
        body {
            font-family: Arial, sans-serif;
            margin: 20px;
        }

        h2 {
            color: #333;
        }

        table {
            width: 100%;
            border-collapse: collapse;
            margin-top: 20px;
        }

        th, td {
            border: 1px solid #ddd;
            padding: 8px;
```

```html
            text-align: left;
        }
        th {
            background-color: #f2f2f2;
        }
        tr:nth-child(even) {
            background-color: #f9f9f9;
        }
        tr:hover {
            background-color: #e0e0e0;
        }
    </style>
</head>
<body>

    <h2>Product List</h2>

    <table>
      <thead>
        <tr>
          <th>Name</th>
          <th>Description</th>
          <th>Price</th>
          <th>Quantity</th>
        </tr>
      </thead>
      <tbody>
        {% for product in products %}
        <tr>
          <td>{{ product.name }}</td>
          <td>{{ product.description }}</td>
          <td>${{ product.price }}</td>
          <td>{{ product.quantity }}</td>
        </tr>
        {% endfor %}
      </tbody>
    </table>

</body>
</html>
```

以上示例中的CSS样式包括以下调整。

（1）页面使用Arial字体族，以提高可读性。

（2）表格具有100%的宽度，以充分利用页面空间。

（3）调整表格的边框和内边距，使其看起来更加整齐。

（4）表头的背景色和奇偶行的背景色有所区别，提高了可读性。

（5）当鼠标指针悬停在行上时，行的背景颜色有变化，提供一些视觉反馈。

保存文件后刷新浏览器，显示效果明显美观了，如图3-23所示。

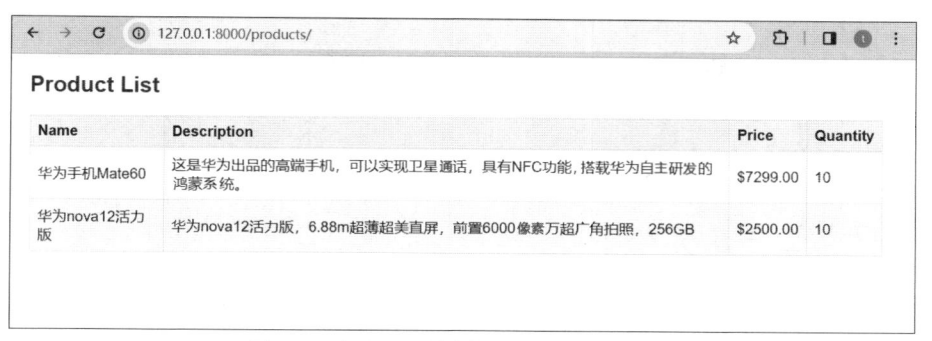

图3-23 调整显示样式后的产品信息页面

3.5.7 静态资源文件管理

（1）CSS样式文件加载。虽然给定引导词需求，ChatGPT可以给出很好的美化样式建议，但是3.5.6小节中的CSS代码都在页面代码内，内容和样式并不分离，这不符合项目组织管理。因此需要将CSS代码单独存成文件，然后在HTML文件里导入。CSS样式文件属于Web开发中的静态资源，需要设定静态资源管理方式。

首先，项目的settings.py全局设定文件中定义了静态资源设置规则STATIC_URL，即所有静态资源文件建议存在项目根目录下的static目录中。

```
# Static files (CSS, JavaScript, Images)
# https://docs.djangoproject.com/en/4.2/howto/static-files/

STATIC_URL = 'static/'
```

同时还需要添加以下设定：

```
# 静态文件目录
STATICFILES_DIRS = [
    BASE_DIR / "static",
    # 可以添加更多的目录，按需配置
]
```

很显然，当前项目中并没有static目录，所以需要手动创建该目录。由于静态资源文件一般包括css样式代码、img图像资源和js脚本目录，因此在创建static目录时，建议同时创建css、img和js目录，然后根据需要在对应的资源目录下添加必要的文件。例如，上述美化页面代码中有css样式代码，如果将其单独复制出来在css目录中保存成文件，并命名为product.css，就可以在模板页面product_list.html中采用导入资源文件的方式引入CSS样式文件。

项目组织结构如下：

```
myfirstproject/
│
├── myfirstproject/
├── products/
├── templates/
│   ├── products
│   │   ├── product_list.html
```

```
├── static/
│   ├── css
│   │   └── product.css
│   ├── img
│   └── js
├── manage.py
└── db.sqlite3
```

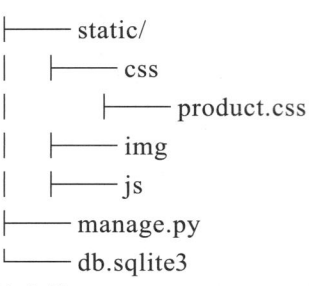

首先使用{% load static %}标签加载静态资源，然后使用{% static 'path/to/your/resource' %}引用具体的静态文件。product_list.html页面代码如下：

```html
<!DOCTYPE html>
{% load static %}
<html lang="en">
<head>
    <meta charset="UTF-8">
    <meta name="viewport" content="width=device-width, initial-scale=1.0">
    <title>Product List</title>
    <link rel="stylesheet" href="{% static 'css/product.css' %}">
</head>
<body>

  <h2>Product List</h2>

  <table>
    <thead>
      <tr>
        <th>Name</th>
        <th>Description</th>
        <th>Price</th>
        <th>Quantity</th>
      </tr>
    </thead>
    <tbody>
      {% for product in products %}
      <tr>
        <td>{{ product.name }}</td>
        <td>{{ product.description }}</td>
        <td>${{ product.price }}</td>
        <td>{{ product.quantity }}</td>
      </tr>
      {% endfor %}
    </tbody>
  </table>

</body>
</html>
```

保存文件重启服务后，就可以完成CSS样式文件的加载。

（2）图像资源文件加载。如果有图像和视频等资源，整个页面就会变得更加生动，更能吸引客户。为了进一步讲解静态资源文件加载问题，这里测试一下图片的渲染和加载过程。

假设在顶部增加一个banner图片元素，先制作一张1280×300像素大小的资源图。

这里使用AI生成图,可以登录Stable Diffusion的官网,或者文心一格的官网,输入如下提示词:A banner, displaying product details page, width 1280px, height 300px, technology color background, including mobile phone elements. 设定好宽高比例,就可以生成所需要的图,如图3-24所示。将该图下载后复制至static目录的子目录img中。

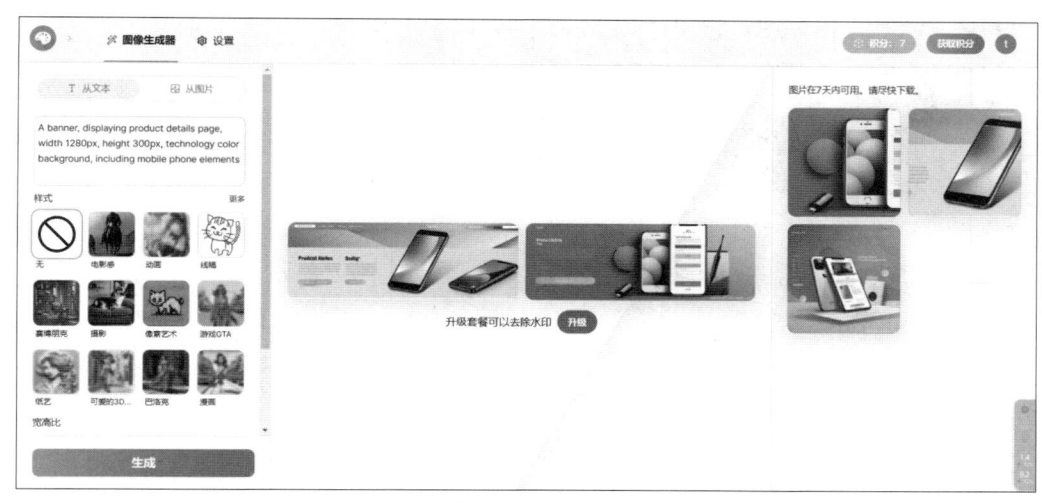

图3-24 使用AI生成banner图片

此时,项目结构参考如下:
```
myfirstproject/
│
├── myfirstproject/
├── products/
├── templates/
│   ├── products
│   │   ├── product_list.html
├── static/
│   ├── css
│   │   ├── product.css
│   ├── img
│   │   ├── banner.png
│   ├── js
├── manage.py
└── db.sqlite3
```

然后在product_list.html页面增加一个上部显示banner的div区域,同时将图片img标签代码补齐,参考如下代码:

```html
<div class="banner">
    <img src="{% static '/img/banner.jpg' %}" alt="" srcset="" width="100%" height="300px">
</div>
```

保存后刷新浏览器显示,效果如图3-25所示。

图 3-25　增加banner后的商品列表显示页面

（3）JavaScript脚本文件加载。JavaScript脚本文件的加载方式和CSS文件类似，直接将脚本文件复制到static目录的js子目录下即可。例如，对于jquery库，先将其从网络上下载后复制到js目录中，然后在网页代码中使用<script src="{% static '/js/jquery.js' %}"></script>即可完成加载。

3.6　小结

本章介绍了Django框架开发基础知识部分，包括Django框架概述、Django框架核心组件、Django项目搭建和应用开发。基于这些知识，读者可以建立使用Django框架来开发Web应用的基础思维路线。有了基础思维，在后续使用ChatGPT时读者就能基于开发的需求和步骤给出正确的提示词和问题，ChatGPT也能够反馈出合理且可实施的代码方案。因为ChatGPT是AI生产工具，所以为了更好地使用它为开发者服务，开发者也需要完成基础知识的积累。

第 4 章

Python Django 框架开发进阶

Django 框架内容丰富，功能强大。为了更好地掌握 Django 框架，本章介绍了基于 Django 框架的视图模板引擎、数据模型、路由配置、Admin 后端管理系统、Django Rest Framwork API 开发以及项目测试部署等内容。通过学习本章，读者可以尝试独立开发并部署一个完整的 Django 项目，也可以使用书中的章节标题作为提示词中的关键内容去咨询 ChatGPT，积累更多的高阶知识和开发技巧。

4.1 Django框架视图模板引擎

Django框架作为一个高效且功能丰富的Web应用开发框架,内置了强大的视图模板引擎用于构建动态的和可交互的用户界面。本节将深入了解Django框架的视图模板引擎,介绍其语法和功能,以及如何在Django项目中使用它来实现灵活的模板渲染。

4.1.1 Django 模板引擎简介

Django模板引擎是Django框架的核心组成部分之一,它允许开发者以一种灵活且直观的方式构建Web应用的用户界面。Django模板采用了自己独特的模板语法,与Python代码相似,但又具有足够的简洁性,使得开发者能够轻松地嵌入动态内容和逻辑。其主要特点如下。

(1)内置于Django框架:作为Django框架的一部分,Django模板引擎无须额外安装,直接集成于框架中,为开发者提供了便捷的使用体验。

(2)简洁而强大的语法:Django模板语法和Python语言相似,具有简洁而强大的特点。它使用{{ ... }}表示变量替换,{% ... %}表示控制结构,易于学习和使用。

(3)安全性考虑:Django模板引擎内置了自动的HTML转义机制,可以防范常见的跨站脚本攻击(XSS),保障Web应用的安全性。

(4)丰富的内置标签和过滤器:Django模板提供了丰富的内置标签和过滤器,包括控制结构、循环和条件判断等模板语法,以及用于处理日期和格式化文本等常见任务的过滤器。

4.1.2 Django 模板语法概述

Django模板语法是模板引擎的核心,了解其基本语法是使用Django模板引擎的关键。

ChatGPT提示词模板:

☑ 我想了解Django模板的语法,请给出详细介绍。

以下是Django模板语法的一些重要元素:

(1)变量替换。变量替换是Django模板中常见的操作,通过使用{{ ... }}来表示。例如:

```
<p>Hello, {{ user.username }}!</p>
```

在这个例子中,{{ user.username }}将被替换为user对象的username属性的值。

(2)控制结构。Django模板支持多种控制结构,如条件语句和循环结构等。

条件语句语法如下:

```
{% if 条件 %}
    ...
{% endif %}
```

例如,设置判断用户是否拥有权限,可以使用下列语句:

```
{% if user.is_authenticated %}
    <p>Welcome, {{ user.username }}!</p>
{% else %}
    <p>Please log in.</p>
{% endif %}
```

在这个例子中,先判断user对象的is_authenticated属性是否为真,如果为真,就显示"Welcome,用户名"内容;否则,就显示"Please log in"。

循环结构语法如下：

```
{% for item in list %}
    ...
{% endfor %}
```

例如，遍历显示某种数据列表，可以使用下列语句：

```
<ul>
{% for item in items %}
    <li>{{ item }}</li>
{% endfor %}
</ul>
```

在这个例子中，先使用for语句遍历items列表对象，然后使用HTML的列表标记以列表方式显示item对象。

（3）过滤器。Django模板中的过滤器用于对变量进行处理或格式化。例如：

```
{{ value|default:"N/A" }}
<! --使用default过滤器，如果value为undefined或假值，就显示默认值 "N/A"，
    否则显示value的实际值-->

{{ text|capitalize }}
<! --使用capitalize过滤器将text的首字母大写，其余字母小写 -->

{{ number|floatformat:2 }}
<! --使用floatformat过滤器将number格式化为浮点数，并保留2位小数。例如，如果number为
3.1415926，就显示为3.14  -->
```

（4）模板继承。模板继承是Django模板引擎中非常有用的功能，它允许在不同的模板中共享代码块。一般先定义一个基础模板，如命名为base_template.html，然后在该基础模板中定义好网页的主体结构，涉及可以变化的部分使用{% block name %}...{% endblock %}标记。

以下是一个简单的继承示例。先定义一个基础模板，命名为base_template.html，代码如下：

```
<!DOCTYPE html>
<html lang="en">
<head>
    <meta charset="UTF-8">
    <meta name="viewport" content="width=device-width, initial-scale=1.0">
    <title>{% block title %}My Site{% endblock %}</title>
</head>
<body>
    <div id="content">
        {% block content %}{% endblock %}
    </div>
</body>
</html>
```

在上述基础模板base_template.html中，在页面的title标签处使用了{% block name %}...{% endblock %}，因为每个页面的标题不同，所以页面标题采用了动态赋值方式。同时，在content主体内容处也使用了该标记，也就是说每个页面都可以有自己的内容。这样方便后续使用该基础模板时直接替换这些标记处内容。以下为另一个视图模板child_template.html。在继承使用该基础模板时，语法格式见如下：

```
{% extends "base_template.html" %}
```

```
{% block title %}My Page{% endblock %}

{% block content %}
    <h1>Welcome to my page!</h1>
{% endblock %}
```

在这个例子中，child_template.html继承自base_template.html，并通过block关键字替换了标题和内容块。

（5）高级功能。除了基本的语法元素外，Django模板引擎还提供了一些高级功能，使得模板更加灵活和强大。以下是一些高级功能的介绍。

1）自定义模板标签：Django允许开发者自定义模板标签，以扩展模板引擎的功能。自定义模板标签可以用于执行特定的逻辑或生成动态内容，其开发通常涉及创建一个Python类，并将其注册到Django模板引擎中。

2）自定义模板过滤器：类似于自定义模板标签，Django还支持自定义模板过滤器。自定义模板过滤器用于对变量进行额外的处理或格式化，开发者可以创建一个Python函数作为自定义过滤器，并在模板中使用。

3）模板中的静态文件：Django模板引擎提供了专门的标签和过滤器用于处理静态文件（如CSS和JavaScript等）。使用{% load static %}标签和{% static ... %}过滤器，开发者可以轻松地引用静态文件。

4）模板中的表单处理：Django模板引擎对表单处理提供了一些有用的标签和过滤器。使用{{ form.as_p }}和{{ form.as_table }}等语法，可以方便地在模板中呈现表单，并通过{% csrf_token %}标签处理表单的CSRF保护。

4.1.3 在Django视图中使用模板引擎

在Django中，视图函数负责处理用户请求并返回相应的HTTP响应。为了构建动态的用户界面，视图函数通常会使用模板引擎来渲染HTML内容。

ChatGPT提示词模板：

☑我想了解如何在Django视图中使用模板引擎。

以下是在Django视图中使用模板引擎的基本步骤。

（1）配置模板路径。在Django项目的settings.py文件中，有一个名为TEMPLATES的配置项，其中包含了模板引擎的相关配置。在这个配置中，可以指定模板文件所在的目录。

```
TEMPLATES = [
    {
        'BACKEND': 'django.template.backends.django.DjangoTemplates',
        'DIRS': [os.path.join(BASE_DIR, 'templates')],
        'APP_DIRS': True,
        'OPTIONS': {
            # 其他配置项...
        },
    },
]
```

在上述配置中，'DIRS'指定了模板文件所在的目录，通常为templates目录。这样，Django就能够找到模板文件并进行渲染。

（2）编写视图函数。在Django中，视图函数通常使用render函数来渲染模板并生成HTML响应。以下是一个简单的视图函数的示例。

```python
from django.shortcuts import render

def my_view(request):
    context = {'username': 'John'}
    return render(request, 'my_template.html', context)
```

在这个例子中，my_view函数将会渲染my_template.html模板，并将{'username': 'John'}作为上下文传递给模板。

（3）在模板中使用上下文。在模板中可以通过双大括号{{ ... }}来访问上下文中的变量。例如，在my_template.html中运行以下命令：

```
<p>Hello, {{ username }}!</p>
```

在模板渲染时，{{ username }}将被替换为上下文中传递的'John'。

Django框架的模板引擎是构建Web应用用户界面的重要组件之一。通过了解Django模板引擎的基本语法、高级功能以及在Django项目中的使用方法，开发者可以更加灵活地构建动态、可交互的Web页面。Django模板引擎的简洁语法、丰富功能以及与Django框架的深度集成，使其成为众多开发者选择的首要工具之一。在实际项目中，合理使用模板引擎可以大大提高开发效率，同时确保生成的Web页面具有良好的可维护性和可扩展性。

4.1.4 Django 通用视图类

在Django框架中，视图是处理业务逻辑的方法，而不是字面上的显示。为了方便开发者更高效地使用Django框架，在View中提供了通用的视图类Generic，然后通过继承Generic类定义了四种子类，专门用于CRUD操作。

ChatGPT提示词模板：

☑ 我想了解Django视图中通用视图类的内容。

ListView（对象列表视图）：默认可以查询一个模型的所有对象，并将其传递给模板进行显示。示范代码：

```python
# views.py
from django.views.generic import ListView
from .models import BookModel

class BookModelListView(ListView):                    # 继承ListView类
    model = BookModel                                 # 创建模型对象
    template_name = 'book/book_list.html'             # 定义模板文件
    context_object_name = 'book_list'                 # 定义传递的变量对象集合名
    paginate_by = 10                                  # 直接定义分页记录
```

DetailView（对象详情视图）：根据主键或其他标识条件查询单个模型对象的详细信息，并将其传递给模板进行显示。

示范代码：

```python
# views.py
from django.views.generic import DetailView
from .models import BookModel

class BookModelDetailView(DetailView):                # 继承DetailView
    model = BookModel                                 # 创建模型对象
    template_name = 'book/book_detail.html'           # 定义模板路径文件
    context_object_name = 'book'                      # 定义传递的变量对象名
```

CreateView（对象创建视图）：用于处理创建一个新模型对象的请求。显示一个包含模型表单的页面，处理用户提交的表单数据，并创建新的模型对象。

示范代码：

```python
# views.py
from django.views.generic import CreateView
from .models import BookModel
from .forms import BookModelForm

class BookModelCreateView(CreateView):
    model = BookModel                              # 创建模型对象
    form_class = BookModelForm                     # 先定义表单模型
    template_name = 'book/book_form.html'          # 提交表单模板页面
    success_url = '/success/'                      # 成功创建后的重定向URL
```

采用这种方法时需要先创建表单模型，即在应用目录中创建一个forms.py文件，然后对表单模型进行定义，不过这样就要求前端模板中的表单与该模型要完全一致。

示范代码：

```python
# forms.py
from django import forms
from .models import BookModel

class BookModelForm (forms.ModelForm):
    class Meta:
        model = BookModel
        fields = ['field1', 'field2', 'field3']    # 指定要在表单中包含的字段
```

UpdateView（对象更新视图）：处理更新一个现有模型对象的请求。显示一个包含模型表单的页面，处理用户提交的表单数据并更新指定的模型对象。

示范代码：

```python
# views.py
from django.views.generic import UpdateView
from .models import BookModel
from .forms import BookModelForm

class BookModelUpdateView(UpdateView):
    model = BookModel
    form_class = BookModelForm
    template_name = 'book/book_form.html'
    success_url = '/success/'                      # 成功更新后的重定向URL
```

与创建模型类似，如果要使用上述更新视图类，就需要事先定义模型表单。

DeleteView（对象删除视图）：用于处理删除一个模型对象的请求。显示一个包含确认删除信息的页面，处理用户确认后删除指定的模型对象。

示范代码：

```python
# views.py
from django.views.generic import DeleteView
from .models import BookModel
from django.urls import reverse_lazy

class BookModelDeleteView(DeleteView):
    model = BookModel                              # 创建模型对象
    template_name = 'book/book_delete.html'        # 删除模板页面文件
```

```
        success_url = reverse_lazy('book_list')        # 成功删除后的重定向URL
```

这些通用视图类简化了常见的 CRUD 操作，通过提供一些默认行为和选项，使开发者能够更专注于模板和业务逻辑的设计，不必编写重复的视图代码。通用视图基于 Django 的约定优于配置（Convention Over Configuration）的原则，通过一些默认配置，提供了一致而灵活的方式来处理常见的 Web 应用开发任务。

4.1.5 Django 视图响应

在Django中，视图（Views）是处理 HTTP 请求并返回 HTTP 响应的组件。Django 提供了多种方式来处理响应，这些方式可用于返回不同类型的响应，包括HTML页面、JSON数据和重定向等。以下是几种常见的响应方式。

（1）返回HTML页面：在视图中使用 render 函数可以渲染一个 HTML 页面，并将其作为HTTP 响应返回给客户端。

```python
from django.shortcuts import render

def my_view(request):
    # 其他逻辑...
    return render(request, 'template_name.html', {'variable': value})
```

其中，'template_name.html' 是要渲染的模板文件的路径；{'variable': value} 是传递给模板的上下文变量。

（2）返回 JSON 数据：如果需要返回 JSON 格式的数据，就可以使用 JsonResponse。

```python
from django.http import JsonResponse

def my_json_view(request):
    data = {'key': 'value'}
    return JsonResponse(data)                          # 返回一个包含 JSON 数据的 HTTP 响应
```

（3）重定向：使用 HttpResponseRedirect 或 redirect 函数可以进行重定向。

```python
from django.http import HttpResponseRedirect
from django.shortcuts import redirect

def my_redirect_view(request):
    # 其他逻辑...
    return HttpResponseRedirect('/new_url/')

# 或者使用redirect函数
def my_redirect_view(request):
    # 其他逻辑...
    return redirect('/new_url/')                       # 重定向到新的URL路由
```

（4）返回文本响应：使用 HttpResponse 可以返回简单的文本响应。

```python
from django.http import HttpResponse

def my_text_view(request):
    return HttpResponse("Hello, this is a text response.")   # 返回文本字符串
```

（5）返回文件响应：使用 FileResponse 可以返回文件响应。

```python
from django.http import FileResponse

def my_file_view(request):
```

```
        file_path = '/path/to/your/file.txt'
        return FileResponse(open(file_path, 'rb'))           # 返回文件内容
```

以上是一些常见的响应方式，Django 提供了多种用于处理不同情况的响应工具。根据具体需求，用户可以选择适当的方式来构建和返回响应。

4.2 Django框架数据模型

在Django框架中，ORM（Object-Relational Mapping）是一个简洁且功能强大的工具，主要用于将数据库中的数据映射到Python对象，使得开发者可以使用面向对象的方式来操作数据库。ORM在Django中称为模型（Model），它提供了一种高级且易用的方式来定义、查询和操作数据库结构。本节将详细介绍Django框架中的ORM数据模型，包括模型的定义、字段类型和模型关系及常见操作等内容。

ChatGPT提示词模板：
☑我想了解Django框架的数据模型，请给出详细介绍。

4.2.1 定义数据模型

ORM是一种编程范式，它允许开发者通过面向对象的语法来操作数据库，不必直接编写SQL语句。在传统的关系型数据库中，数据存储在表格中，而ORM则将表格中的行映射为程序中的对象，表格中的列映射为对象的属性。这样，开发者可以通过操作对象来实现对数据库的增删改查等操作，而无须关心底层的SQL语句。Django的ORM将类（class）映射到数据库表（table），将类的实例（instance）映射到表的记录（record），将类的字段（field）映射到数据库的字段（column）。在Django中，ORM的实现方式是通过定义模型（Model）来完成的。每个模型对应数据库中的一张表，模型的属性对应表中的列。Django的ORM不仅提供了一种简洁的方式来定义模型，还提供了丰富的查询语句和模型关系及数据库迁移等功能，极大地简化了数据库操作的流程。

在Django中，定义一个模型通常涉及创建一个继承自django.db.models.Model的类，并在类中定义各个字段。例如，想开发一个书籍管理系统，可以定义一个Book模型类，参考代码如下：

```
from django.db import models

class Book(models.Model):
    title = models.CharField(max_length=100)
    author = models.CharField(max_length=50)
    publication_date = models.DateField()

    def __str__(self):
        return self.title
```

在这个例子中，定义了一个名为Book的模型，它有3个字段：title、author和publication_date。CharField表示字符型字段，DateField表示日期型字段。__str__方法定义了在输出模型实例时返回的字符串，通常用于调试和管理界面显示。

4.2.2 字段类型

Django提供了丰富的字段类型,用于满足不同数据类型在数据库中的存储需求。以下是一些常用的字段类型:
- CharField:用于存储短文本,通过max_length参数指定最大长度。
- TextField:用于存储长文本,一般不限制长度。
- IntegerField:用于存储整数。
- FloatField:用于存储浮点数。
- DecimalField:用于存储精确的十进制数。
- DateField:用于存储日期。
- TimeField:用于存储时间。
- DateTimeField:用于存储日期和时间。
- BooleanField:用于存储布尔值。

4.2.3 模型关系

在实际的数据库设计中,表与表之间往往存在一定的关系。Django的模型系统支持多种模型关系,包括一对一关系、一对多关系和多对多关系。

(1)一对一关系:表示两个模型之间存在唯一的对应关系。在Django中,可以使用OneToOneField来定义一对一关系。例如:

```python
class Person(models.Model):
    name = models.CharField(max_length=50)

class Passport(models.Model):
    person = models.OneToOneField(Person, on_delete=models.CASCADE)
    passport_number = models.CharField(max_length=20)
```

在这个例子中,每个Person模型实例对应一个唯一的Passport模型实例,反之亦然。

(2)一对多关系:表示一个模型实例对应多个其他模型实例。在Django中,可以使用ForeignKey来定义一对多关系。例如:

```python
class Author(models.Model):
    name = models.CharField(max_length=50)

class Book(models.Model):
    title = models.CharField(max_length=100)
    author = models.ForeignKey(Author, on_delete=models.CASCADE)
    publication_date = models.DateField()
```

在这个例子中,每个Book模型实例对应一个唯一的Author模型实例,而每个Author模型实例可以对应多个Book模型实例。

(3)多对多关系:表示两个模型实例之间存在多对多的对应关系。在Django中,可以使用ManyToManyField来定义多对多关系。例如:

```python
class Student(models.Model):
    name = models.CharField(max_length=50)

class Course(models.Model):
    name = models.CharField(max_length=100)
    students = models.ManyToManyField(Student)
```

在这个例子中,每个Course模型实例可以对应多个Student模型实例,反之亦然。

4.2.4 数据库迁移

在Django中,模型的定义不仅仅是用于创建数据库表结构的,还可以用于数据库迁移。数据库迁移是一种将模型的变更同步到数据库的过程,包括创建表、修改表结构和添加索引等操作。Django提供了一组管理命令来实现数据库迁移,从而简化了数据库结构的维护。

(1)创建迁移文件。运行以下命令,Django会自动检测模型的变更,并生成一个包含这些变更的迁移文件:

```
python manage.py makemigrations
```

(2)应用迁移。运行以下命令,Django会将迁移文件中定义的数据库变更应用到数据库中:

```
python manage.py migrate
```

4.2.5 模型的查询与操作

Django的模型系统提供了丰富的查询语法,开发者可以通过模型进行灵活且强大的数据库操作。

(1)常规表单数据库操作。常规表单的增删改查操作语法参考如下。

1)查询所有记录。直接使用数据模型objects对象的all方法获取所有数据记录,示例语法如下:

```
# 查询Book表中的所有书籍记录
books = Book.objects.all()
```

上述查询返回的结果books为QuerySet对象类型集合,如果想获取某一条记录就需要使用遍历操作;如果想读取所有书籍的作者信息,就需要继续补充:

```
# 查询Book表中的所有书籍记录
books = Book.objects.all()
# 查询所有作者信息
for book in books:
    print(book.author)
```

2)条件查询。使用filter方法来实现条件查询,在filter方法中的参数必须是原有模型定义时使用的属性名称,否则会出现报错。filter的查询结果为一个对象集合。

```
# 查询作者是'John'的所有书籍
books = Book.objects.filter(author__name='John')

# 查询出版日期在2022年之后的所有书籍
books = Book.objects.filter(publication_date__year__gte=2022)
```

3)查询单个记录。使用first或last等代表位置信息的方法,也可以使用get函数指定记录的条件进而查询某条满足条件的记录。

```
# 查询第一本书
book = Book.objects.first()

# 查询标题为'The Django Book'的书籍
book = Book.objects.get(title='The Django Book')
```

4)创建新记录。在创建数据模型对象实例后,可以使用对象的save方法来完成数据记录的

新增。新增一条新的书籍记录,使用如下语法:

```
new_book = Book(title='New Book', author='Author Name', publication_date='2023-01-01')
new_book.save()
```

5)更新记录。更新操作是先获取需要更新的记录对象,然后使用对象的属性赋值方法完成对应值的更新,最后使用save方法来完成数据记录的更新保存。语法示例如下:

```
# 更新id为1的书籍的标题
book = Book.objects.get(pk=1)
book.title = 'New Title'
book.save()
```

6)删除记录。与更新记录类似,删除记录需要先获取指定删除的对象,然后使用对象的delete方法完成该条数据记录的删除操作。语法示例如下:

```
# 删除id为1的书籍
book = Book.objects.get(pk=1)
book.delete()
```

(2)多表联合查询。如果涉及两个表或多表联合查询,就可以使用ORM模型系统提供的QuerySet API。以下是一些常见的多表联合查询的示例。

1)基本的关联查询。如果两个模型之间存在外键关系,就可以使用select_related()方法进行关联查询。例如,如果有一个Author模型和一个Book模型,Book模型有一个外键指向Author模型,就可以这样查询:

```
# 查询某个作者编写的所有书籍
books = Book.objects.select_related('author')
```

也可以如下操作:

```
# 先基于作者姓名获取其对象记录,下面的author不是作者姓名,而是作者所在的那条记录信息
author = Author.objects.get(name=name)
# 联合查询操作,假设Book模型中有一个author的字段与Author外键关联
books = Book.objects.filter(author=author)
```

2)复杂的联合查询。如果要进行更复杂的联合查询,就可以使用annotate()和values()等方法,结合filter()等条件来实现。

```
books = Book.objects.filter(author__name='John').values('title', 'author__name')
```

这个查询将选取所有作者名字为'John'的书籍,并且只返回书籍的标题和作者的名字。

还可以使用F()表达式进行联合查询。F()表达式允许在查询中引用模型的字段,可以在查询中执行一些数学运算。例如,查询评论数量大于等于点赞数量的文章。

```
from django.db.models import F

articles = Article.objects.filter(comment_count__gte=F('like_count'))
```

如果用户比较熟悉SQL操作,可以使用extra()方法来编写原始SQL语句进行联合查询。

```
queryset = MyModel.objects.extra(
    select={'custom_field': 'SELECT custom_field FROM other_table WHERE other_table.id = mymodel.other_table_id'})
```

(3)Django提供的Q查询。Django的Q对象可以执行复杂的查询逻辑,包括使用逻辑运算符(AND、OR和NOT)组合多个查询条件。使用Q对象可以构建出更灵活和复杂的查询表达式。

基本的Q对象用法如下:

```python
from django.db.models import Q
# 查询名字为'John'或年龄大于30的用户
users = User.objects.filter(Q(name='John') | Q(age__gt=30))
```

这个查询会选择名字为'John'或者年龄大于30的用户。其中的gt就是greater than的简写。

Q对象的组合如下：

```python
from django.db.models import Q
# 查询名字为'John'且年龄大于30的用户，或者名字为'Alice'的用户
users = User.objects.filter(Q(name='John', age__gt=30) | Q(name='Alice'))
```

这个查询使用了逻辑运算符|，表示OR操作，选择名字为'John'且年龄大于30的用户，或者名字为'Alice'的用户。

动态构建Q对象：

```python
from django.db.models import Q
def create_user_query(name, age):
    # 根据传入的参数动态构建Q对象
    query = Q()
    if name:
        query &= Q(name=name)
    if age:
        query &= Q(age=age)
    return query

# 使用动态构建的Q对象进行查询
users = User.objects.filter(create_user_query('John', 25))
```

这个例子展示了如何根据传入的参数动态构建Q对象，从而构建灵活的查询条件。

使用~（NOT）运算符：

```python
from django.db.models import Q

# 查询名字不是'John'的用户
users = User.objects.filter(~Q(name='John'))
```

这个查询会选择名字不是'John'的用户。

Q对象的强大之处在于它可以构建更复杂、更动态的查询条件，而不仅限于简单的字段匹配。这对于处理复杂的数据库查询非常有用。

（4）查询操作符。下面是在查询条件组合中常用的简写符合及其示例和用法。

查询条件	示例使用	描述
exact	'name__exact='John'	精确匹配，等同于name='John'
iexact	'name__iexact='john'	不区分大小写的精确匹配
contains	'name__contains='ohn'	包含，区分大小写
icontains	'name__icontains='ohn'	不区分大小写的包含
gt	'age__gt=30'	大于
lt	'age__lt=30'	小于
gte	`age__gte=30'	大于等于
lte	`age__lte=30'	小于等于

Django框架的ORM模型系统提供了一种简洁而强大的方式来操作数据库。通过定义模型和字段类型以及模型关系，开发者可以轻松地进行数据库设计，并通过数据库迁移功能将设计变更同步到数据库中。模型系统不仅提供了丰富的字段类型和模型关系，还提供了强大的查询语法，开发者能够灵活地进行数据库操作。在实际应用中，熟练使用Django的ORM模型系统可以大大提高开发效率，同时确保数据库结构的一致性和稳定性。

4.3 Django框架路由配置

Django框架的路由配置是构建Web应用程序的关键组成部分之一。在Django中，路由用于将HTTP请求与应用程序中的视图函数相匹配，以便正确处理用户的请求。路由的配置主要通过urls.py文件来完成，以下是对Django框架路由配置的详细介绍。

4.3.1 路由配置的基本概念

Django应用的路由配置主要集中在每个应用的urls.py文件中。同时，Django项目也有一个主要的urls.py文件，它可以包含所有应用的路由配置，或者将路由配置分发给各个应用。在urls.py文件中通常包含一个urlpatterns路由定义列表，它包含了多个path()或re_path()函数调用，用于定义URL模式和与之关联的视图函数。

其中，path()函数用于基于字符串的URL模式匹配。它接收一个字符串作为URL模式，以及一个关联的视图函数。示例如下：

```
from django.urls import path
from . import views
urlpatterns = [
    path('home/', views.home, name='home'),
]
```

在这个示例中，使用path()函数定义了一个单一的URL模式。该模式指定了URL 'home/'应该映射到views模块中的home视图函数。name参数被赋值为'home'，为这个URL模式提供了一个唯一的标识符。当在模板中生成URL或在Django应用程序内部进行重定向时，这个标识符非常有用。

re_path()函数用于使用正则表达式定义更复杂的URL模式。示例如下：

```
from django.urls import re_path
from . import views

urlpatterns = [
    re_path(r'^articles/(?P<year>\d{4})/$', views.article_year, name='article_year'),
]
```

在上述示例中，使用正则表达式定义了一个URL模式，这个模式将以 'articles/' 开头，接着是一个4位数字的年份【通过正则表达式中的 (?P<year>\d{4}) 部分进行捕获】，然后以 '/' 结尾，映射到'views'模块中的 'article_year' 视图函数。

路由配置可以使用include()函数将URL模式分发到其他应用。这有助于保持代码的模块化和可维护性。

```
from django.urls import path, include
from . import views
```

```
urlpatterns = [
    path('blog/', include('blog.urls')),                        # 路由分发
]
```

在上述示例中,将访问blog的路由分发到blog博客应用中的urls文件去定义。

4.3.2 在视图模板中使用路由

在模板中需要进行超链接跳转,或者静态资源链接,以及表单提交时,都需要定义访问路径,因为这个路径是和项目路由配置——映射的,所以在模板中定义访问路径时,需要先分析项目或应用中定义的urls访问配置。

例如,创建一个文章应用,在其urls.py中定义URL模式。示例如下:

```
from django.urls import path
from . import views

urlpatterns = [
    path('home/', views.home, name='home'),                     # 定义访问home路由
    path('articles/<int:year>/', views.article_year, name='article_year'),
                                                                # 定义访问带year参数时的路由规则
]
```

如果想在前端模板中访问home配置的页面或按year年份查询后的article文章列表页面,就需要配置超链接跳转路径,参考如下配置:

```
# 配置超链接
<a href="{% url 'home' %}">Home</a>
<a href="{% url 'article_year' year=2022 %}">Articles from 2022</a>
```

在这个例子中,{% url 'home' %}会生成与名为'home'的URL模式匹配的URL。同样地,{% url 'article_year' year=2022 %}会生成一个带有指定年份的URL,与名为'article_year'的URL模式匹配。请注意,参数year的值会传递给相应的URL模式中的视图函数。

4.4 Admin后端管理系统

Django框架的Admin后端管理系统是一个功能丰富且易于使用的工具,旨在帮助开发者管理应用程序的数据模型。Admin后端管理系统提供了一个直观的用户界面,使得数据的增删改查变得简单而高效。由于前面创建应用案例中已经使用过Admin后端,对数据的增删改查等管理操作都做过一些介绍,因此这里重点聚焦Admin后端管理系统的用户权限认证、自定义功能、高级功能和显示美化。

ChatGPT提示词模板:

☑ 我想了解Django框架的Admin后端管理系统,尤其是一些高级开发内容,请给出详细介绍。

4.4.1 用户权限认证

在Admin后端管理系统中,用户权限认证起到了重要的作用,它能够确保只有经过身份验证且授权的用户才能访问和修改敏感数据。以下是关于Admin后端管理系统中用户权限认证的

详细介绍。

（1）内置 User 实现用户管理。Admin后端管理系统使用内置的User模型来实现用户管理。该模型包含了用户名、密码哈希和电子邮件等基本字段。默认情况下，User模型具有常见的用户权限，如登录和查看用户列表等。

1）创建用户：使用User.objects.create_user方法创建用户，并将其保存到数据库中。

```
from django.contrib.auth.models import User
user = User.objects.create_user(username='example_user', password='example_password')
```

2）认证和登录：先使用authenticate方法对用户进行认证，然后使用login方法登录。

```
from django.contrib.auth import authenticate, login
user = authenticate(username='example_user', password='example_password')
if user is not None:
    login(request, user)
```

3）注销用户：使用logout方法注销当前登录的用户。

```
from django.contrib.auth import logout
logout(request)
```

（2）发送邮件实现密码找回。Admin后端管理系统提供了找回忘记密码的功能，允许用户通过电子邮件进行密码找回。这涉及密码重置邮件的发送和验证，确保只有用户拥有相应的电子邮件才能重置密码。

（3）模型 User 的扩展与使用。如果需要扩展User模型，以添加额外的字段或方法，可以通过继承AbstractUser或使用 AUTH_USER_MODEL 来创建自定义的用户模型。开发者可以更灵活地定义用户信息。

首先，创建一个自定义的用户模型，继承自AbstractUser，并添加额外的字段。代码示例如下：

```
# models.py
from django.contrib.auth.models import AbstractUser
from django.db import models

class CustomUser(AbstractUser):
    age = models.IntegerField(null=True, blank=True)
```

然后，在全局设定文件settings.py中指定使用自定义用户模型：

```
AUTH_USER_MODEL = 'myapp.CustomUser'
```

（4）权限的设置与使用。Admin后端管理系统使用权限模型来定义用户对模型的各种操作权限。通过在模型的Meta类中定义权限，可以精确地控制用户对数据的访问和修改权限。

```
# models.py
class YourModel(models.Model):
    # 模型字段定义
    class Meta:
        permissions = [
            ("can_view_details", "Can view details"),
            ("can_change_status", "Can change status"),
        ]
```

4.4.2　Admin 后端管理系统的自定义功能

Admin后端管理系统的自定义功能如下。

（1）自定义显示字段。Admin后端管理系统默认会显示数据模型定义的所有字段，但有时可能只希望显示部分字段。此时，就可以在模型的admin.py文件中进行配置。例如：

```python
# 从Django导入必要的模块
from django.contrib import admin
from .models import MyModel

# 为MyModel定义一个自定义的管理类
class MyModelAdmin(admin.ModelAdmin):
    # 指定在管理界面的列表视图中显示的字段
    list_display = ('field1', 'field2', 'field3')
    '''
    list_display属性用于指定在MyModel的管理界面列表视图中显示哪些字段。
    在此示例中，'field1'、'field2' 和 'field3' 将显示在列表视图中
    '''

# 使用自定义的管理类将MyModel注册到管理界面
admin.site.register(MyModel, MyModelAdmin)
'''
这一行代码将MyModel模型与MyModelAdmin自定义管理类注册在一起。
它将在管理界面中关联MyModelAdmin中指定的自定义管理选项
'''
```

在这个例子中，list_display定义了在Admin后端管理系统中显示的字段列表，只显示了field1、field2和field3字段。

（2）自定义Admin界面显示。Django的Admin后端管理系统允许进行广泛的自定义，以适应特定项目的需求。以下是一些常见的自定义方法。

1）自定义模型显示名称。在模型的admin.py文件中，可以通过定义模型的Admin类来自定义在Admin后端管理系统中显示的模型名称：

```python
from django.contrib import admin
from .models import MyModel

class MyModelAdmin(admin.ModelAdmin):
    verbose_name = 'Custom Model Name'

admin.site.register(MyModel, MyModelAdmin)
```

2）自定义模型图标。在模型的admin.py文件中，可以通过定义模型的Admin类来自定义在Admin后端管理系统中显示的模型图标：

```python
from django.contrib import admin
from .models import MyModel

class MyModelAdmin(admin.ModelAdmin):
    icon = 'icon-leaf'  # 使用Django Admin的内置图标

admin.site.register(MyModel, MyModelAdmin)
```

3）自定义模型的列表显示。在模型的admin.py文件中，可以通过定义模型的Admin类来自定义在模型列表中显示的内容：

```python
from django.contrib import admin
from .models import MyModel

class MyModelAdmin(admin.ModelAdmin):
    list_display = ('field1', 'field2', 'field3')
    list_filter = ('field1', 'field2')                  # 添加过滤器
    search_fields = ('field1', 'field2')                # 添加搜索字段

admin.site.register(MyModel, MyModelAdmin)
```

在这个例子中,list_display定义了在模型列表中显示的字段;list_filter定义了过滤器;search_fields定义了可以通过搜索框进行搜索的字段。

4.4.3 Admin后端管理系统的高级功能

Admin后端管理系统不仅提供了基本的查看、添加、修改和删除功能,还支持一些高级功能,便于用户进行数据管理。

(1)内联编辑。Admin后端管理系统的内联编辑功能支持用户在编辑一个模型的同时编辑其关联模型。例如,如果有一个Book模型和一个Author模型,用户就可以在Book模型的编辑界面中同时编辑其关联的Author模型。

```python
from django.contrib import admin
from .models import Book, Author

class BookInline(admin.TabularInline):                  # 也可以使用admin.StackedInline
    model = Book

class AuthorAdmin(admin.ModelAdmin):
    inlines = [BookInline]

admin.site.register(Author, AuthorAdmin)
```

(2)批量操作。Admin后端管理系统支持对多个记录进行批量操作,如批量删除和批量修改等。在模型的管理界面中,先选择要进行操作的记录,然后选择相应的操作即可。

(3)导出数据。Admin后端管理系统支持将当前列表中的数据导出为CSV格式,以便进行数据备份和分析。在模型的管理界面中,单击右上角的"导出"按钮即可导出当前列表中的数据。

(4)自定义Admin动作。Admin后端管理系统可以定义自己的Admin动作,以实现一些定制化的批量操作。例如,可以定义一个Admin动作来将选中的记录中的某个字段更新为指定的值。

```python
from django.contrib import admin
from .models import MyModel

class MyModelAdmin(admin.ModelAdmin):
    actions = ['custom_action']
    def custom_action(self, request, queryset):
        # 执行自定义的批量操作
        queryset.update(field='new_value')
    custom_action.short_description = 'Custom Action'   # 在Admin后端管理系统中显示的
                                                        #   动作名称

admin.site.register(MyModel, MyModelAdmin)
```

4.4.4　Admin后端管理系统的显示美化

Django自带的Admin后端管理系统功能很强大，但和自行开发的管理系统比起来，其图标、布局、按钮和文本等UI元素都有优化的需要。在Django开发者社区中有一些改进方案。例如，可以使用Django Grappelli插件和Django-simpleui插件进行显示美化。这些插件的用法直接询问ChatGPT就可以得到正确的步骤。

ChatGPT提示词模板：

☑ 我想对Django框架的Admin后端管理系统进行显示美化，建议使用什么插件，并给出详细步骤。

（1）Django Grappelli插件。Django Grappelli是一个流行的第三方插件，为Admin后端管理系统提供了现代化的外观和一些额外的功能。它可以很容易地集成到现有的Django项目中，提供更好的用户界面。使用步骤如下。

首先，安装Django Grappelli。在终端中运行以下命令来安装Django Grappelli：

```
pip install django-grappelli
```

然后，在全局设定文件settings.py中配置Django Grappelli。在Django项目的INSTALLED_APPS中添加 'grappelli'，并确保 'django.contrib.admin' 在 'grappelli' 之前：

```python
# settings.py
INSTALLED_APPS = [
    # ...
    'grappelli',
    'django.contrib.admin',
    # ...
]
```

接下来，应用Grappelli模板。在urls.py文件中，将Grappelli的URL配置添加到urlpatterns：

```python
# urls.py

from django.contrib import admin
from django.urls import path

urlpatterns = [
    path('admin/', admin.site.urls),
    path('grappelli/', include('grappelli.urls')),  # 加入这行配置
    # 其他URL配置...
]
```

最后，启动Django开发服务器：

```
python manage.py runserver
```

访问http://127.0.0.1:8000/admin/，就能够看到使用Django Grappelli插件改进的Admin后端管理系统的界面。

对前述的myfirstproject项目使用Django Grappelli测试，效果如图4-1所示。

图4-1 项目基于Django Grappelli插件的测试效果

（2）Django-simpleui插件。Django-simpleui是一个基于element-ui+vue开发的Django后端管理界面插件，它提供了现代化、简洁且用户友好的UI。其安装步骤和Grappelli插件类似。

首先，在终端中运行以下命令来安装Django-simpleui插件：

```
pip install django-simpleui
```

然后，在Django项目的INSTALLED_APPS中添加'simpleui'：

```
INSTALLED_APPS = [
    # ...
    'simpleui',
    'django.contrib.admin',
    # ...
]
```

最后，启动Django开发服务器：

```
python manage.py runserver
```

访问http://127.0.0.1:8000/admin/，就能够看到使用Django-simpleui插件改进的Admin后端管理界面，效果如图4-2所示。

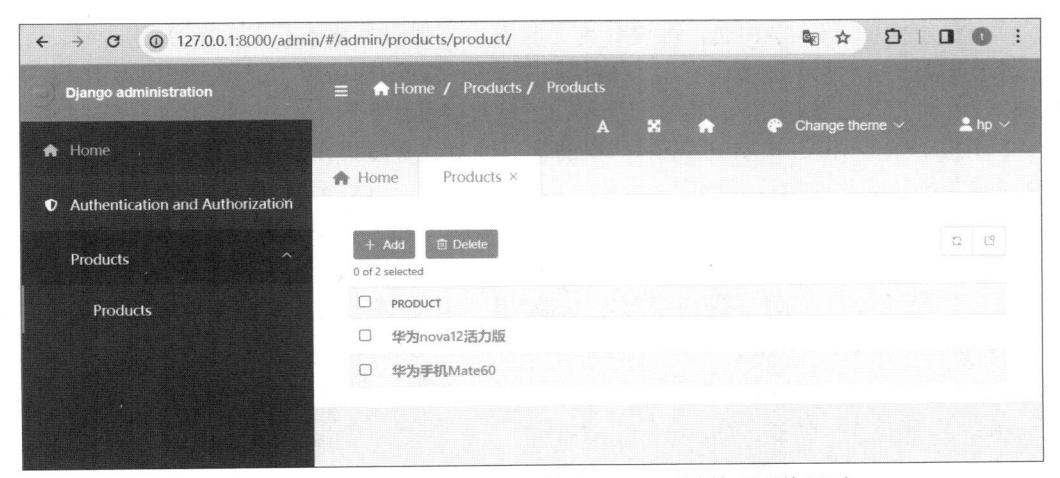

图4-2 基于Django-simpleui插件的Admin后端管理系统显示

4.5 Django Rest Framework API开发

随着Web应用系统开发的分工越来越明确，前端、后端和数据库三大核心各自形成了自己的技术路线。前后端分离已经成为主流的Web开发模式，后端开发者给出数据应用接口，并制定好访问规则，前端开发者获取到数据后采用前端渲染技术将数据呈现出来，或者实现交互处理。Django框架也提供了适用于前后端分离开发模式的插件Django Rest Framework，这个插件可以构建Restful风格的API接口服务。本节将对Django Rest Framework（DRF）插件及API开发应用进行详细的介绍。

ChatGPT提示词模板：

☑ 我想了解Django框架的Rest Framework API开发，请给出详细介绍并举例说明。

4.5.1 Restful API 概述

REST（Representational State Transfer，表现层状态转换）是一种软件架构风格和设计风格，而不是标准，它只是提供了一组设计原则和约束条件，主要用于客户端和服务器交互类的软件。基于这个风格设计的软件可以更简洁、更有层次，也更易于实现缓存等机制。满足这种设计风格的程序或接口称为Restful（从单词字面来看就是一个形容词），所以Restful API 就是满足REST架构风格的接口。

（1）主要特征。

1）以资源为基础：资源可以是图片、音乐、XML格式、HTML格式或者JSON格式等网络上的一个实体，除了一些二进制的资源外，普通的文本资源更多是以JSON为载体且面向用户的一组数据（通常从数据库中查询而得到）。

2）统一接口：REST架构风格的核心特征是强调组件之间要有一个统一的接口。对资源的操作包括获取、创建、修改和删除，这些操作正好对应HTTP协议提供的GET、POST、PUT和DELETE方法。也就是说，使用Restful风格的接口从接口上只能定位其资源，无法知晓其具体进行了什么操作，如果想要具体了解其发生了什么操作，就要从其HTTP请求方法类型上进行判断。

3）无状态性：Restful API通常被设计为无状态的，即服务器不会保存客户端的状态信息。每个请求都需要包含所有必要的信息，以便服务器能够理解和处理。这种无状态性使API更加健壮和可扩展，因为服务器不需要在多个请求之间维护状态信息。

（2）接口规范。Restful API有相对严格的接口规范，开发者在编写后端数据接口时需要按照约定的方式开发，这样可以形成一个统一的资源接口。当前端同时有小程序、PC端或App，或者提供二次开发请求时，可以让前端开发者依据制定好的访问方式来实现数据请求交互。需要说明的是，对于一个产品而言，无论其后端由多少个服务组成，都只有一个API入口。

1）URL设计规范：URL为统一资源定位器，因为接口属于服务端资源，所以要通过URL定位到资源才能去访问，而通常一个完整的URL由以下几个部分构成：

```
URI = scheme "://" host ":" port "/" path [ "?" query ][ "#" fragment ]
```

scheme：底层用的协议，如http、https和ftp。

host：服务器的IP地址或者域名。

port：端口，HTTP默认为80端口。

path：访问资源的路径，就是各种Web框架中定义的route路由。

query：查询字符串，为发送给服务器的参数，在这里更多发送数据分页和排序等参数。

2）Restful API接口规范：Restful对path的设计做了一些规范，通常一个Restful API的path组成如下：

```
/{version}/{resources}/{resource_id}
```

version：API版本号，有些版本号放置在头信息中，通过控制版本号有利于应用迭代。

resources：资源，Restful API推荐用小写英文单词的复数形式。

resource_id：资源的id，访问或操作该资源。

接口规范一：访问路径以 /api 或 /[version]/api 开头，资源使用复数。

正确用法示例：/api/tasks 或 /v2/api/tasks。

接口规范二：访问路径以 api/aa-bb/cc-dd 方式命名。

正确用法示例：/api/task-groups。

接口规范三：接口路径使用资源名词而非动词，动作应由 HTTP Method 体现。

正确用法示例：POST /api/tasks 或 /api/task-groups/1/tasks 表示在 id 为 1 的任务组下创建任务。

接口规范四：接口设计面向开放接口，而非单纯前端业务。要求给接口路径命名时要面向通用业务而非单纯前端业务。

（3）规范使用方法。HTTP统一接口的具体方法如下：

接口方法	用途场景	示例用法
GET	获取数据	获取单个：GET /api/tasks/<id> 获取列表：GET /api/tasks
POST	创建数据	创建单个：POST /api/tasks
PATCH	差量修改数据	修改单个：PATCH /api/tasks/<id>
PUT	全量修改数据	修改单个：PUT /api/tasks/<id>
DELETE	删除数据	删除单个：DELETE /api/tasks/<id>

当附带一些条件时，可以使用?符号，然后加上相关参数，示例如下：

```
?limit=10：指定返回记录的数量。
?offset=10：指定返回记录的开始位置。
?page=2&per_page=100：指定第几页，以及每页的记录数。
?sortby=name&order=asc：指定返回结果按照哪个属性排序，以及排序顺序。
?animal_type_id=1：指定筛选条件。
```

对于上述请求返回的状态码，也有一些约定，如下：

状态码	示例场景
200	创建成功，通常用在同步操作时
202	创建成功，通常用在异步操作时，表示请求已接受，但是还没有处理完成
400	参数错误，通常用在表单参数错误
404	没有找到对象，通常发生在使用错误的 id 查询详情
500	服务器错误

（4）接口示例。在具体构建Restful API时，需要对各种请求有更细致的认知。当然有时也可以根据场景需求灵活使用。例如，第3章的Django项目中的Products产品应用，构建Restful API，接口示例如下：

操作	示例用法
获取 products	获取单个：GET /api/products/<id> 获取列表：GET /api/products
新增 products	创建单个：POST /api/products
更新 products	修改单个：PUT/api/products/<id>
删除 products	删除单个：DELETE /api/products/<id> 删除所有：DELETE /api/products

（5）JSON格式数据。JSON（JavaScript Object Notation）是一种轻量级的数据交换格式，易于人工阅读和编写，同时也易于机器解析和生成。JSON采用完全独立于语言的文本格式，同时也使用了类似C语言的习惯（包括C、C++、C#、Java、JavaScript、Perl和Python等）。这些特性使JSON成为理想的数据交换语言。

JSON建构于以下两种结构：

1)"名称/值"对的集合（A collection of name/value pairs）。在不同的语言中，它被理解为对象（object）、记录（record）、结构（struct）、字典（dictionary）、哈希表（hash table）和有键列表（keyed list），或者关联数组（associative array）。

2)值的有序列表（An ordered list of values）。在大部分语言中，它被理解为数组（array）。

以下为典型的JSON格式数据内容：

```
{
    "Name":"ChatGPT与Django",
    "Tutorial":"JSON",
    "Article":[
        "JSON是什么？",
        "JSONP是什么？",
        "JSON语法规则"
    ]
}
```

这种JSON格式在前端以对象方式获取内部的数据，后端如果选择Python语言，就转换为字典方式进行管理；如果选择其他服务器语言，即转换为对应的数据结构类型进行后续的开发。

4.5.2 Django Rest Framework 简介

（1）Django Rest Framework概述。Django Rest Framework（DRF）是一个功能强大的工具包，专为构建Restful风格的Web API而设计。这个框架在Django的基础上进行了二次开发，提供了丰富的功能和灵活的扩展性，使开发者能够更高效地开发REST API接口应用。这个插件的官方网站有非常详细的说明文档。

DRF的核心特性之一是强大的序列化器（Serializer），它支持高效的数据序列化和反序列化操作。序列化器可以将Django模型类对象转换为前端所需的格式（如JSON），同时也能将前端发送的数据反序列化为模型类对象，从而方便地与数据库进行交互。

此外，DRF还提供了丰富的类视图、Mixin扩展类和ViewSets视图集等，使开发者能够更快速地构建API接口。它还支持直观的Web API界面，提供了多种身份认证和权限认证方式，以满足不同项目的安全需求。

在数据管理方面，DRF具备强大的排序、过滤、分页、搜索和限流等功能，使开发者能够灵活地处理API请求，提升系统的性能和可扩展性。同时，DRF的插件生态也非常丰富，开发者可以根据项目需求选择适合的插件进行集成，从而进一步扩展框架的功能。

（2）基本组件。Django Rest框架中的基本组件包括3个：Serializers、ViewSets和Routers。下面对这几个组件进行介绍，为后续的应用奠定基础。

1）Serializers：负责将复杂的数据类型（如Django模型实例）转换为可以被渲染成JSON和XML等格式的Python数据类型。同时，也可以用于解析上述格式的数据，并将其转换为复杂的数据类型。实际开发过程中使用的数据类型主要为JSON格式。

示例如下：

```python
# serializers.py
from rest_framework import serializers
# 导入Book模型
from .models import Book

# 继承Serializer类对Book模型开展序列化
class BookSerializer(serializers.ModelSerializer):
    class Meta:
        # 设定模型为Book模型
        model = Book
        # 选择Book模型中的4个属性进行序列化
        fields = ['id', 'title', 'author', 'published_date']
```

在上述例子中，BookSerializer就是一个Serializers，它继承自ModelSerializer类，用于序列化和反序列化Book模型实例。

2）ViewSets：可以看作是多个视图的集合。在Django Rest框架中，ViewSets类似于Django中的类视图（Class-Based Views），不过它提供了更多的默认行为和更广泛的功能。例如，默认实现的GET、POST、PUT、PATCH和DELETE操作。

```python
# views.py

from rest_framework import viewsets
from .models import Book
from .serializers import BookSerializer

class BookViewSet(viewsets.ModelViewSet):
    queryset = Book.objects.all()
    serializer_class = BookSerializer
```

在上述例子中，BookViewSet就是一个ViewSets。它继承自ModelViewSet类，为Book模型实现了一整套的CRUD操作。

3）Routers：在Django Rest框架中，Routers为视图集（ViewSets）提供了一种简洁的方式来创建和管理URL配置。使用Routers，开发者可以快速创建并配置URL，减少重复的工作。Routers可以自动地为视图集创建URL配置，并为每个视图集提供了一套标准的增删改查（CRUD）操作的URL配置。Routers的使用可以极大地提高开发效率，避免了手动创建每个URL的烦琐工作。

以下是一个简单的使用Routers的例子：

```python
from django.urls import include, path
```

```python
from rest_framework.routers import DefaultRouter
from .views import BookViewSet

router = DefaultRouter()
router.register(r'books', BookViewSet)

urlpatterns = [
    path('', include(router.urls)),
]
```

在上述例子中，首先使用 DefaultRouter 创建了一个 router，然后调用其 register 方法注册了 BookViewSet。这会自动为 BookViewSet 创建一套标准的 URL 配置。当向 Routers 注册一个视图集时，Routers 会自动为这个视图集创建一套 URL 配置。这套 URL 配置对应到视图集的各个方法，如 list、create、retrieve、update 和 destroy。

```python
router = DefaultRouter()
router.register(r'books', BookViewSet)
```

在上述例子中，router 会为 BookViewSet 创建以下 URL 配置。

/books/：对应到 BookViewSet 的 list 和 create 方法，分别处理 GET 和 POST 请求。

/books/{pk}/：对应到 BookViewSet 的 retrieve、update 和 destroy 方法，分别处理 GET、PUT/PATCH 和 DELETE 请求。

（3）权限和认证系统。在构建API时，权限和认证是非常重要的一环，它们决定了用户能否访问API以及用户可以做什么。Django Rest Framework提供了一套完善的权限和认证系统，可以轻松地控制用户的访问权限。

认证是确定用户身份的过程。Django Rest Framework支持多种认证方式，如SessionAuthentication、TokenAuthentication和BasicAuthentication等。

以下是在视图中使用TokenAuthentication的示例：

```python
from rest_framework.authentication import TokenAuthentication
from rest_framework.permissions import IsAuthenticated
from rest_framework import viewsets
from .models import Book
from .serializers import BookSerializer

class BookViewSet(viewsets.ModelViewSet):
    queryset = Book.objects.all()
    serializer_class = BookSerializer
    authentication_classes = [TokenAuthentication]
    permission_classes = [IsAuthenticated]
```

在上述例子中，为BookViewSet设置了authentication_classes属性，指定了使用Token Authentication。当用户请求BookViewSet时，Django Rest Framework会检查请求的HTTP头部是否包含有效的令牌，以确定用户的身份。

权限是决定已经认证的用户可以做什么的规则。Django Rest Framework提供了多种权限管理方式，如IsAuthenticated、IsAdminUser和IsAuthenticatedOrReadOnly等。

在上述例子中，为BookViewSet设置了permission_classes属性，指定了使用IsAuthenticated。这表示只有认证过的用户才可以访问BookViewSet。

4.5.3 DRF API 开发示例

Restful API接口开发规范仅仅是一种设计风格或约定，实际开发中还需要结合实际场景来调整。Django Rest Framework插件专门用于Django项目进行API开发，其操作也较为简单。下面以第3章的myfirstproject项目为例，基于DRF插件进行products产品模块的API接口开发。products应用的数据模型和URLS路由在前述案例中都已经配置过，此处可以在此基础上根据需要进一步修改即可。

（1）安装Django Rest Framework。安装非常简单，直接在当前项目myfirstproject中进入终端命令行，使用pip方式：

```
pip install djangorestframework
```

（2）项目settings.py全局设定。安装成功后，就可以在settings.py中添加该插件。示例如下：

```
INSTALLED_APPS = [
    'simpleui',
    'rest_framework',                       # 新增插件名
    'django.contrib.admin',
    'django.contrib.auth',
    'django.contrib.contenttypes',
    'django.contrib.sessions',
    'django.contrib.messages',
    'django.contrib.staticfiles',
    'products',
    ]
```

（3）在products目录中添加一个序列化文件Serializers.py，将查询的结果列表进行序列化。示例如下：

```
from .models import Product
from rest_framework import serializers


class ProductSerializer(serializers.ModelSerializer):
    class Meta:
        model = Product
        fields = '__all__'
```

（4）为了提供一个单独的api查询服务，在products目录中单独添加一个api_views.py，建立api请求的视图服务。示例如下：

```
from rest_framework import viewsets
from .models import Product
from .serializers import ProductSerializer


class ProductViewSet(viewsets.ModelViewSet):
    queryset = Product.objects.all()
    serializer_class = ProductSerializer
```

（5）定义api请求的urls路由。直接在原products目录的urls中新添加几行代码即可。示例如下：

```
from .views import product_list
from django.urls import include, path
from rest_framework.routers import DefaultRouter         # 新增
```

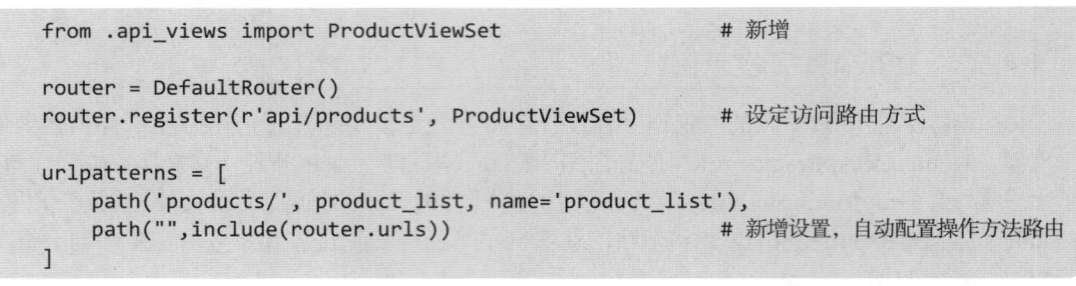

```python
from .api_views import ProductViewSet                    # 新增

router = DefaultRouter()
router.register(r'api/products', ProductViewSet)         # 设定访问路由方式

urlpatterns = [
    path('products/', product_list, name='product_list'),
    path("",include(router.urls))                        # 新增设置，自动配置操作方法路由
]
```

（6）启动Django项目服务，进行api请求测试。在上述代码中，各种操作方法的路由已经自动配置了，需要使用如下的格式进行访问。

1）/api/products/：对应到ProductViewSet 的 list 和 create 方法，分别处理 GET 和 POST 请求，GET请求无须添加参数，POST请求则需要给定数据模型中定义的属性值。

2）/api/products/{id}/：对应到ProductViewSet 的 retrieve、update 和 destroy 方法，分别处理GET、PUT/PATCH和DELETE请求，{id}是请求的操作定位商品id号，也就是对定位的商品id号进行删除、修改和更新操作。

（7）API测试。API测试工具主要用于测试接口对数据的增删改查处理功能是否正常。常用的测试软件如Postman和Apifox等。这几个测试软件需要下载后注册登录。由于后续前端开发过程中获取数据或交互请求主要的技术栈是Ajax或Fetch API等，如果用户对前端开发相对熟悉，可以直接使用Ajax或Fetch API方法来测试，也可以将这个问题发给ChatGPT，直接根据ChatGPT的回复使用Fetch API方法来处理。

ChatGPT提示词模板：

☑我想了解对于API接口的Fetch测试方法，请给出详细介绍并举例说明。

参考代码如下：

```
## Fetch API的GET请求方法使用示例
function sendGetRequestWithFetch(url, headers) {
    fetch(url, {
        method: 'GET',                                  // 设置请求方法为GET
        headers: headers || {},                         // 添加自定义请求头（可选）
    })
    .then(response => {
        if (!response.ok) {
            throw new Error('Network response was not ok');
        }
        return response.json();                         // 假设服务器返回JSON数据
    })
    .then(data => {
        console.log('Success:', data);
    })
    .catch(error => {
        console.error('Error:', error);
    });
}

## Fetch API的POST请求方法使用示例
function sendPostRequestWithFetch(url, data, headers) {
    fetch(url, {
        method: 'POST',                                 // 设置请求方法为POST
        headers: {
            ...headers,                                 // 添加自定义请求头
            'Content-Type': 'application/json'          // 确保设置正确的Content-Type
```

```javascript
    },
    body: JSON.stringify(data)          // 将JavaScript对象转换为JSON字符串作为请求体
})
.then(response => {
    if (!response.ok) {
        throw new Error('Network response was not ok');
    }
    return response.json();              // 假设服务器返回JSON数据
})
.then(responseData => {
    console.log('Success:', responseData);
})
.catch(error => {
    console.error('Error:', error);
});
}
```

Fetch API的DELETE请求方法使用示例

```javascript
function sendDeleteRequestWithFetch(url) {
    fetch(url, {
        method: 'DELETE',                          // 设置请求方法为DELETE
        headers: {
            'Content-Type': 'application/json'     // 根据需要设置请求头
        }
    })
    .then(response => {
        if (!response.ok) {
            throw new Error('Network response was not ok');
        }
        return response.text(); // 可以根据API返回的内容类型来选择返回json()或text()等
    })
    .then(data => {
        console.log('Success:', data);
    })
    .catch(error => {
        console.error('Error:', error);
    });
}
```

使用Fetch API的PATCH或PUT请求方法示例

```javascript
function sendPatchRequestWithFetch(url, data, headers) {
    fetch(url, {
        method: 'PATCH',                    // 设置请求方法为PATCH，如果为PUT时，则替换为PUT
        headers: {
            ...headers,                     // 添加自定义请求头
            'Content-Type': 'application/json'
            // 设置请求头Content-Type为application/json
        },
        body: JSON.stringify(data)          // 将要更新的数据转换为JSON字符串作为请求体
    })
    .then(response => {
        if (!response.ok) {
            throw new Error('Network response was not ok');
        }
        return response.json();             // 解析响应为JSON（如果服务器返回的是JSON）
    })
    .then(updatedData => {
        console.log('Success:', updatedData);
    })
```

```
        .catch(error => {
            console.error('Error:', error);
        });
    }
```

在实际开发中，先在外部新建一个网页，命名为api.html，给出基本的HTML结构，并添加按钮，分别用于测试GET请求、POST请求、DELETE请求和PATCH/PUT请求；然后在底部添加上述脚本，并给定相应的参数即可。下面以本书中的products应用提供的API接口为例，使用Fetch API方法进行测试。

1）GET请求。GET请求测试最直接的方法就是使用浏览器访问给定API的GET请求地址，可以方便快捷地查看接口获取的数据列表。为了测试方法统一，这里使用Fetch API方法进行测试。参考代码如下：

```html
<!DOCTYPE html>
<html lang="zh">
<head>
  <meta charset="UTF-8">
  <meta name="viewport" content="width=device-width, initial-scale=1.0">
  <title>Document</title>
</head>
<body>
<button id="get">GET请求</button>
</body>
<script>
  function sendGetRequestWithFetch(url) {
      fetch(url, {
          method: 'GET',                    // 设置请求方法为GET
          headers: {},                      // 添加自定义请求头（可选）
      })
      .then(response => {
          if (!response.ok) {
              throw new Error('Network response was not ok');
          }
          return response.json()            // 假设服务器返回JSON数据
      })
      .then(data => {
          console.log('Success:', data);
      })
      .catch(error => {
          console.error('Error:', error);
      });
  }
  // 定位到"GET请求"按钮，添加单击事件触发
  document.getElementById('get').addEventListener('click',function(){
    // 使用GET请求示例，给定django服务提供的API接口地址
    var url = 'http://127.0.0.1:8000/api/products';
    // 调用处理函数，完成GET请求，获取所有数据
    sendGetRequestWithFetch(url);
  })
</script>
</html>
```

此时，使用浏览器访问http:11127.0.0.1:8848/jjj/api.html，单击"GET请求"按钮，同时按F12快捷键打开网页开发者工具，单击Console（控制台）面板，就可以看到使用GET请求获取的JSON格式数据，如图4-3所示。

图4-3 使用API GET请求获取数据示例

如果想获取指定id号的商品信息数据,将上述请求地址简单修改为以下结构即可。

```
var url = 'http://127.0.0.1:8000/api/products/2';        # 指定id为2
sendGetRequestWithFetch(url);
```

此时在控制台返回的就是指定id为2的商品信息数据,如图4-4所示。

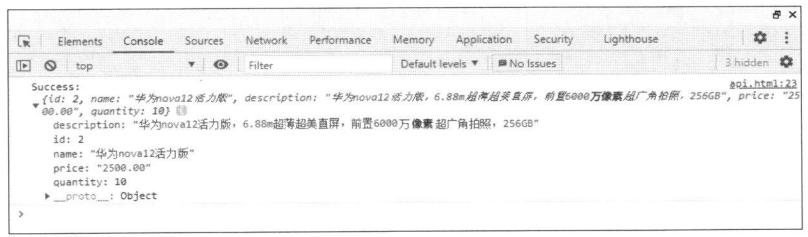

图4-4 使用API GET请求获取指定产品id号示例

2) POST请求。POST请求为添加新的记录,需要按照数据模型给定好数据对象,由于提交数据需要有按钮事件触发,因此还需要在页面上增加一个"POST请求"按钮,并基于原生Javascript定位到该按钮,再添加单击事件。参考代码如下:

```html
<!DOCTYPE html>
<html lang="zh">
<head>
    <meta charset="UTF-8">
    <meta name="viewport" content="width=device-width, initial-scale=1.0">
    <title>Document</title>
</head>
<body>
<button id="post">POST请求</button>
</body>
<script>
function sendPostRequestWithFetch(url, data) {
    fetch(url, {
        method: 'POST',                              // 设置请求方法为POST
        headers: {
            'Content-Type': 'application/json'       // 确保设置正确的Content-Type
        },
        body: JSON.stringify(data)                   // 将JavaScript对象转换为JSON字符串作为请求体
    })
    .then(response => {
        if (!response.ok) {
```

```
            throw new Error('Network response was not ok');
        }
        return response.json();                    // 假设服务器返回JSON数据
    })
    .then(responseData => {
        console.log('Success:', responseData);
    })
    .catch(error => {
        console.error('Error:', error);
    });
}
//定位到"POST请求"按钮，添加单击事件触发
document.getElementById('post').addEventListener('click',function(){
    // 使用POST请求示例
    var url = 'http://127.0.0.1:8000/api/products/';
        // 准备好添加的新记录数据
        var data={
            name:"hp笔记本电脑",
            description:"内存32G，独立显卡，显存12G，保修一年",
            price:"6000",
            quantity:9
        }
    // 提交增加数据请求
    sendPostRequestWithFetch(url,data);
})
</script>
</html>
```

运行后的效果如图4-5所示。

图4-5　使用API POST请求提交数据示例

单击"POST请求"按钮，向服务器发送一次POST请求提交增加数据请求。如果重新使用GET请求方法查看数据列表，就可以看到已经将数据添加到数据库中，如图4-6所示。

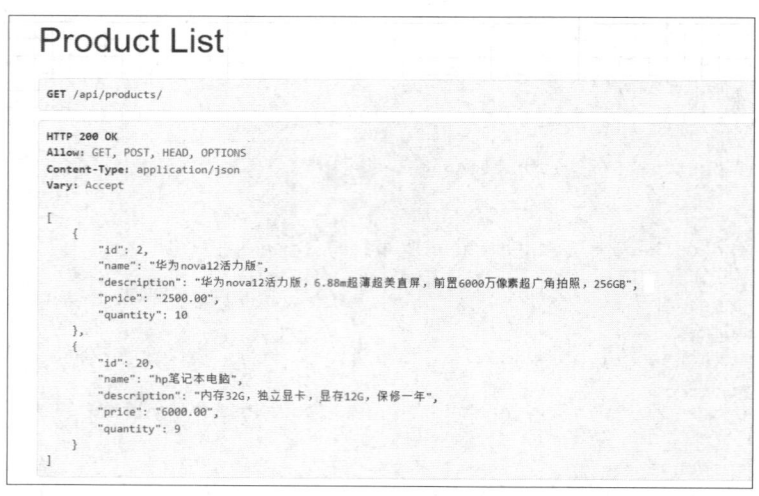

图4-6　查看API POST请求提交数据后的结果

3）DELETE请求。DELETE请求用于删除数据，和POST请求一样，都会改变数据表中的数据结构和内容。直接将上述代码修改一下即可，参考代码如下：

```html
<!DOCTYPE html>
<html lang="zh">
<head>
    <meta charset="UTF-8">
    <meta name="viewport" content="width=device-width, initial-scale=1.0">
    <title>Document</title>
</head>
<body>
<button id="delete">DELETE请求</button>
</body>
<script>
    function sendDeleteRequestWithFetch(url) {
        fetch(url, {
            method: 'DELETE',                      // 设置请求方法为DELETE
            headers: {},                           // 添加自定义请求头（可选）
        })
        .then(response => {
            if (!response.ok) {
                throw new Error('Network response was not ok');
            }
            return response.text()
        })
        .then(data => {
            console.log('Success:', data);
        })
        .catch(error => {
            console.error('Error:', error);
        });
    }
    // 定位到"DELETE请求"按钮，添加单击事件触发
    document.getElementById('delete').addEventListener('click',function(){
        // 使用DELETE请求示例，给定django服务提供的API接口地址,删除id为2的记录
        var url = 'http://127.0.0.1:8000/api/products/2';
        // 调用处理函数，完成GET请求，获取所有数据
        sendDeleteRequestWithFetch(url);
    })
</script>
</html>
```

保存文件后，单击"DELETE请求"按钮，即可完成数据记录id为2的删除操作。读者测试时需要保证指定的id号在数据记录中存在。

4）PATCH请求。PATCH请求可以更新数据记录中部分属性值，PUT请求则是更新指定记录中的全部属性。与POST请求类似，需要先指定更新的数据记录id号。此处更新id为20的数据记录中的price属性，原记录中的price为2500，现更新为3500。参考代码如下：

```html
<!DOCTYPE html>
<html lang="zh">
<head>
    <meta charset="UTF-8">
    <meta name="viewport" content="width=device-width, initial-scale=1.0">
    <title>Document</title>
</head>
<body>
<button id="patch">PATCH请求</button>
```

```
</body>
<script>

// PATCH更新请求方法
function sendPutRequestWithFetch(url, data, headers) {
    fetch(url, {
        method: 'PATCH',  // 设置请求方法为PATCH，如果为PUT时，则替换为PUT
        headers: {
            'Content-Type': 'application/json'
            // 设置请求头Content-Type为application/json
        },
        body: JSON.stringify(data)         // 将要更新的数据转换为JSON字符串作为请求体
    })
    .then(response => {
        if (!response.ok) {
            throw new Error('Network response was not ok');
        }
        return response.json();            // 解析响应为JSON（如果服务器返回的是JSON）
    })
    .then(updatedData => {
        console.log('Success:', updatedData);
    })
    .catch(error => {
        console.error('Error:', error);
    });
}

// 使用PATCH请求示例，定位按钮并添加单击触发事件
document.getElementById('patch').addEventListener('click',function(){
    // 指定修改id为20的数据记录
    var url = 'http://127.0.0.1:8000/api/products/20/';
    // 修改该记录的price属性值为3500
    var data={
        price:"3500"
    }
    // 调用方法提交请求
    sendPatchRequestWithFetch(url,data);
})
```

保存文件后，单击"PATCH请求"按钮，即可完成数据记录的更新，如图4-7所示。

```
Api Root / Product List / Product Instance

Product Instance

GET /api/products/20/

HTTP 200 OK
Allow: GET, PUT, PATCH, DELETE, HEAD, OPTIONS
Content-Type: application/json
Vary: Accept

{
    "id": 20,
    "name": "hp笔记本电脑",
    "description": "内存32G, 独立显卡, 显存12G, 保修一年",
    "price": "3500.00",
    "quantity": 9
```

图4-7　使用API PATCH请求提交数据后的结果

4.6 Django项目测试部署

4.6.1 项目测试

Django框架可以使用自带的测试工具进行功能测试。Django提供了django.test.TestCase 类，可以基于该类创建测试用例，并使用Django提供的各种辅助方法来模拟请求、测试视图函数和验证返回结果等。

下面介绍 django.test.TestCase 类的一些主要特点和使用方法。

（1）数据库交互：django.test.TestCase 类提供了一个数据库的隔离机制，每个测试方法在运行前都会创建一个全新的数据库，以确保测试数据的独立性，这样就不会影响到开发数据库。每个测试方法执行完成后，测试数据库会被自动销毁，以确保测试准确和可重复性。

（2）Client对象：django.test.TestCase类包含一个名为Client的对象，它是Django提供的一个测试客户端对象，用于模拟HTTP请求发送到视图函数。

Client对象可以发送GET、POST、PUT和DELETE等各种类型的请求，并且可以通过断言来验证响应结果是否符合预期。

（3）URL解析：django.test.TestCase类提供了reverse()方法，用于根据URL名称解析出对应的URL，这样可以通过视图函数的名称来获取URL，而不需要硬编码URL。

（4）模板渲染：django.test.TestCase类提供了assertTemplateUsed()方法，用于验证在请求中使用了正确的模板。

（5）辅助方法：django.test.TestCase类还提供了许多其他的辅助方法，用于验证表单、验证重定向和验证cookie等，这些方法可以编写更简洁、更可靠的测试用例。

下面可以让ChatGPT给出一个演示案例。

ChatGPT提示词模板：

☑ 给一个简单的示例，演示如何使用 django.test.TestCase类编写测试用例。

ChatGPT:

```python
from django.test import TestCase, Client
from django.urls import reverse
from myapp.models import MyModel

class MyTestCase(TestCase):
    def setUp(self):
        # 在测试执行前的准备工作
        self.client = Client()
        self.my_object = MyModel.objects.create(name="Test Object")

    def tearDown(self):
        # 在测试执行后的清理工作
        self.my_object.delete()

    def test_my_view(self):
        # 测试视图函数
        response = self.client.get(reverse('my_view'))
        self.assertEqual(response.status_code, 200)
```

```
        self.assertTemplateUsed(response, 'my_template.html')

    def test_my_model(self):
        # 测试模型
        self.assertEqual(self.my_object.name, "Test Object")
```

在这个示例中，创建了一个名为MyTestCase的测试类，继承自django.test.TestCase类。在setUp方法中分别创建了一个测试客户端对象self.client、一个测试用的模型对象self.my_object。在tearDown方法中对测试数据进行了清理操作。然后，编写了两个测试方法来测试视图函数和模型。这些测试方法使用self.client.get()方法发送了一个GET请求，并且使用各种断言验证了响应结果是否符合预期。

4.6.2 云服务器部署环境的准备

在本地线下环境中测试Django项目正常后，如果要投入正式使用，还需要将Django项目部署到云服务器中。有关云服务器的购买和配置这里不作介绍，读者可以直接到百度云、阿里云、腾讯云和华为云等官网了解相关的产品，查看其技术文档即可完成服务器的配置。如果咨询ChatGPT，也可以给出满意的指导方案，但具体实施还需要结合云服务器技术方案才行。下面主要介绍云服务器部署环境的准备。

目前云服务器操作系统环境以Linux系统为主，主流版本包括Centos和Ubuntu。这里以Ubuntu为例说明部署环境的准备过程。如果读者选择Centos，其过程与Ubuntu完全相同，只是语法稍有区别。

（1）准备仿真终端软件。因为需要远程连接服务器，并且需要使用远程服务器中的终端输入命令和执行操作，所以可以先在本地准备一款仿真终端软件。如果不了解仿真终端软件或者不知道如何使用这个软件，都可以直接询问ChatGPT。

建议使用免费的MobaXterm，其操作简单，功能齐全，除了可以实现SSH连接，还可以实现SFTP等数据传输操作。读者可以从其官网直接下载。将MobaXterm仿真终端下载并安装到本地后即可直接使用，如图4-8所示。从左侧面板上的Sessions菜单中创建新的连接，输入远程服务器的IP地址和用户名，就可以开始尝试SSH连接，如图4-9和图4-10所示。

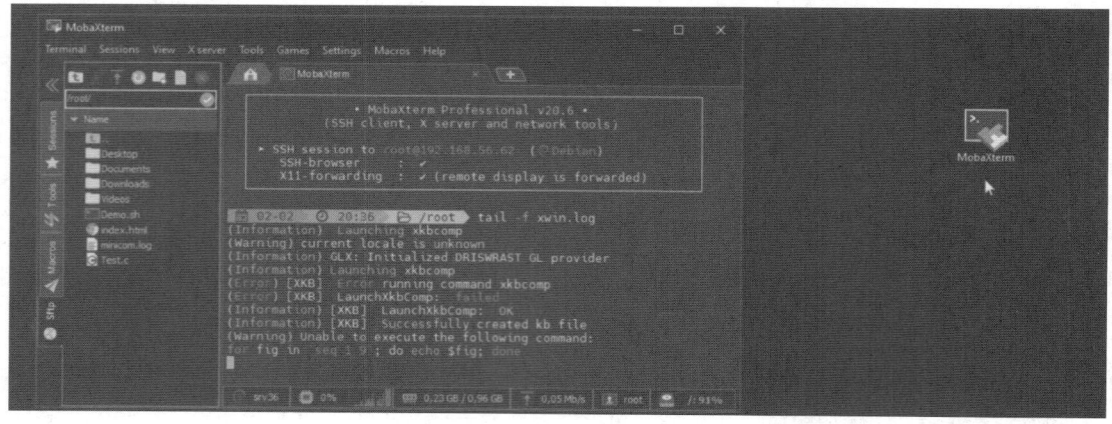

图4-8　MobaXterm仿真终端界面

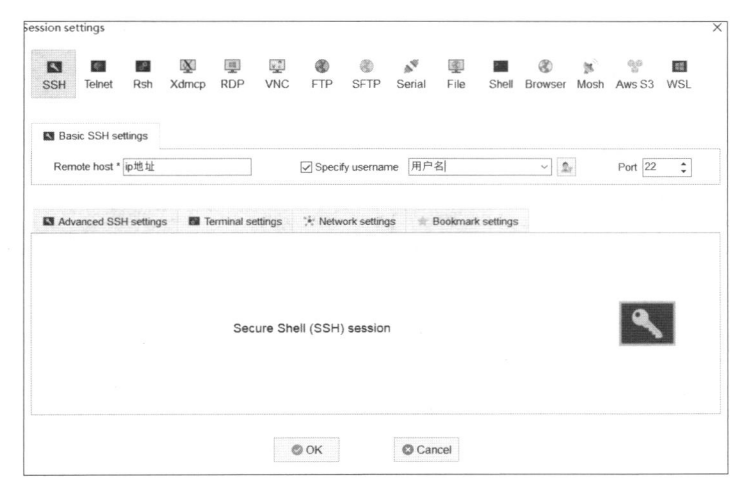

图4-9 使用MobaXterm创建新的服务器SSH连接

图4-10 远程连接服务器成功示意图

如果成功进入远程终端，就可以进行部署环境准备了。

（2）确认安装Python。在Ubuntu中默认安装了Python，如果直接运行Python时会报错，系统就会建议使用Python3，因此在终端执行Python3的命令就可以了解Python的版本。笔者所用的服务器版本为Ubuntu Server 22.04 LTS 64bit，Python的版本为3.10。

```
ubuntu@VM-16-15-ubuntu:~$ python
Command 'python' not found, did you mean:
  command 'python3' from deb python3
  command 'python' from deb python-is-python3
ubuntu@VM-16-15-ubuntu:~$ python3
Python 3.10.12 (main, Nov 20 2023, 15:14:05) [GCC 11.4.0] on linux
Type "help", "copyright", "credits" or "license" for more information.
```

（3）创建项目虚拟环境。为了隔离项目依赖，也就是将本项目所需要的依赖库单独存放，需要创建项目虚拟环境目录。首先使用apt命令安装venv，执行以下命令：

```
ubuntu@VM-16-15-ubuntu:~$ sudo apt install python3.10-venv
```

然后执行以下命令创建项目虚拟环境：

```
ubuntu@VM-16-15-ubuntu:~$ python3 -m venv proj
```

其中，proj为虚拟环境目录的名称，后续所有项目的依赖都将放置在该目录下。

创建完成后，使用以下指令激活：

```
ubuntu@VM-16-15-ubuntu:~$ ls
proj
ubuntu@VM-16-15-ubuntu:~$ cd proj
ubuntu@VM-16-15-ubuntu:~/proj$ ls
bin  include  lib  lib64  pyvenv.cfg
ubuntu@VM-16-15-ubuntu:~/proj$ source bin/activate
(proj) ubuntu@VM-16-15-ubuntu:~/proj$
```

激活后会在命令行前面用(proj)方式标识。

（4）安装django库和其他插件。使用pip install命令下载安装django库，这里同时也将下载django-simpleui后端插件。

```
(proj) ubuntu@VM-16-15-ubuntu:~/proj$ pip3 install django django-simpleui
```

4.6.3 Django 项目的部署实施

下面介绍Django项目的部署实施。

（1）本地调整部署模式为生产模式。在项目上线部署之前，可以在本地将项目调试状态从测试修改为生产环境，因此需要修改项目文件settings.py中的相关配置。

1）调整DEBUG模式。参考如下配置：

```
DEBUG = True              # 正式环境中需要修改为False
ALLOWED_HOSTS = ['*']     # 设置为*，主要便于移植
```

在生产环境中，需要将 ALLOWED_HOSTS 设置为实际使用的域名或IP地址。如果有多个域名，就要将它们全部包含在列表中。使用*表示所有的域名和IP地址都可以访问，但这样会增加被攻击的风险。

2）增加STATIC_ROOT设置。修改静态资源文件的相关配置，需要先增加STATIC_ROOT配置项，然后删除STATICFILES_DIRS配置项。参考如下配置：

```
# Static files (CSS, JavaScript, Images)
# https://docs.djangoproject.com/en/4.2/howto/static-files/

STATIC_URL = 'static/'
STATIC_ROOT = os.path.join (BASE_DIR, 'static')           # 新增
```

3）设置URLS路由配置。修改Django项目myfirstproject的myfirstproject主目录中的urls.py文件，设定为全局访问静态资源文件。参考如下配置：

```
from django.conf import settings
from django.contrib import admin
from django.views import static as sta
from django.urls import path, include, re_path

urlpatterns = [
    path('admin/', admin.site.urls),
    path('',include('products.urls')),
    re_path(r'^static/(?P<path>.*)$', sta.serve, {'document_root': settings.STATIC_ROOT}, name='static')       # 新增
]
```

此时，可以在本地启动项目服务进行访问测试，如果访问测试成功，就可以将项目文件直接移植到云服务器中了。

（2）将项目文件移植到云服务器。

在服务器中创建一个myfirstproject目录（和本地Django项目名一致），将本地Django项目的myfirstproject主目录中的所有文件和文件夹上传，可以使用ftp或者git方式，确保将项目文件和数据库迁移文件一并上传，如图4-11所示。

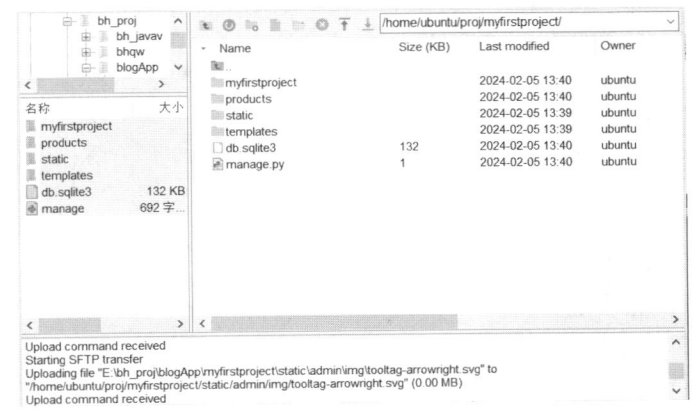

图4-11　使用ftp上传文件的过程示意图

然后在虚拟环境中启动服务，即在命令行中输入如下语句：

```
(proj) ubuntu@VM-16-15-ubuntu:~/proj/myfirstproject$ python3 manage.py runserver 0.0.0.0:8000
Performing system checks...

System check identified no issues (0 silenced).
February 05, 2024 - 08:57:36
Django version 5.0.1, using settings 'myfirstproject.settings'
Starting development server at http://0.0.0.0:8000/
Quit the server with CONTROL-C.
```

此时，可以在外部浏览器地址栏中输入服务器IP地址：49.235.120.214，就可以访问搭建的Web服务了。由于案例中仅仅部署了一个products应用，因此浏览器地址栏地址需要增加路由，具体示例为http://49.235.120.214:8000/products。其中，49.235.120.214是服务器IP地址；8000为端口号；/products为产品应用的路径访问方式，如图4-12所示。

图4-12　生产环境下部署Django项目访问示例

同理，如果要登录Admin后端管理系统，和前端访问方式一样，直接在浏览器地址栏中输入http://49.235.120.214:8000/admin即可，如图4-13所示。

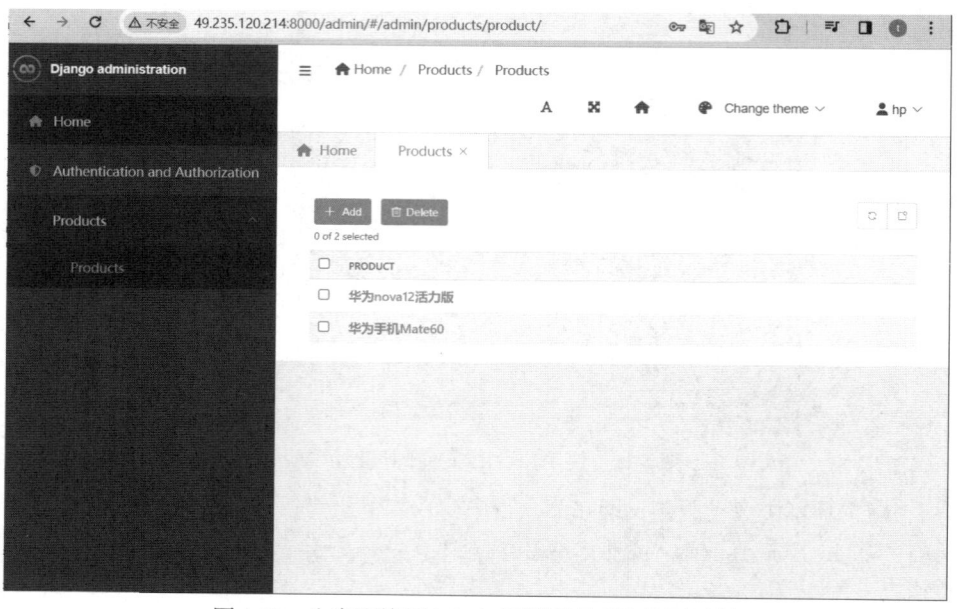

图4-13 生产环境下Admin后端管理系统使用示例

如果出现服务器终端运行正常，但外部浏览器无法正常访问，那么其原因多半在于Django项目指定的8000端口号被服务器防火墙限制了。此时，需要登录云服务器控制台修改访问规则，释放8000端口。当然这个端口号也不是固定的，读者可以根据需要自定义端口号，如3000或8080等都可以。只要在启动服务时修改端口号即可，如修改为8080。示例如下：

```
(proj) ubuntu@VM-16-15-ubuntu:~/proj/myfirstproject$ python3 manage.py runserver 0.0.0.0:8080
Performing system checks...

System check identified no issues (0 silenced).
February 05, 2024 - 09:43:11
Django version 5.0.1, using settings 'myfirstproject.settings'
Starting development server at http://0.0.0.0:8080/
Quit the server with CONTROL-C.
```

（3）使用Gunicorn在生产环境中部署Django服务。Django仅仅是一个网络框架，在实际生产环境中应该将内置的WSGIServer（即Django使用的应用程序服务器）替换为单独的专用应用程序服务器。

推荐使用Gunicorn（Green Unicorn）来部署Django的应用服务。Gunicorn是一个用于运行WSGI应用的HTTP服务器，它在生产环境中被广泛使用。

以下是使用Gunicorn部署Django服务的一般步骤。

（1）安装 Gunicorn。在虚拟环境中运行以下命令安装Gunicorn：

```
pip install gunicorn
```

（2）启动 Gunicorn。在Django项目的根目录下，通过以下命令启动Gunicorn：

```
gunicorn your_project.wsgi:application
```

其中，your_project是Django项目的文件夹名，确保替换为实际的项目名。

例如，如果案例中的项目名为myfirstproject，就可以使用如下指令来启动Gunicorn：

```
(proj) ubuntu@VM-16-15-ubuntu:~/proj/myfirstproject$ gunicorn myfirstproject.wsgi:application
[2024-02-05 17:53:58 +0800] [84449] [INFO] Starting gunicorn 21.2.0
[2024-02-05 17:53:58 +0800] [84449] [INFO] Listening at: http://127.0.0.1:8000 (84449)
[2024-02-05 17:53:58 +0800] [84449] [INFO] Using worker: sync
[2024-02-05 17:53:58 +0800] [84450] [INFO] Booting worker with pid: 84450
```

在实际部署时，可以通过一些参数配置Gunicorn。例如，设置工作进程的数量、绑定的IP和端口等。以下是一些示例：

```
gunicorn your_project.wsgi:application -w 4 -b 0.0.0.0:8000
```

-w 4：表示启动4个工作进程。可以根据服务器的硬件配置调整这个数字。

-b 0.0.0.0:8000：表示绑定到所有可用的网络接口，并监听8000端口。

例如，本案例的启动服务指令可修改为

```
(proj) ubuntu@VM-16-15-ubuntu:~/proj/myfirstproject$ gunicorn myfirstproject.wsgi:application -w 4 -b 0.0.0.0:8000
[2024-02-05 17:55:58 +0800] [84955] [INFO] Starting gunicorn 21.2.0
[2024-02-05 17:55:58 +0800] [84955] [INFO] Listening at: http://0.0.0.0:8000 (84955)
[2024-02-05 17:55:58 +0800] [84955] [INFO] Using worker: sync
[2024-02-05 17:55:58 +0800] [84956] [INFO] Booting worker with pid: 84956
[2024-02-05 17:55:58 +0800] [84957] [INFO] Booting worker with pid: 84957
[2024-02-05 17:55:58 +0800] [84958] [INFO] Booting worker with pid: 84958
[2024-02-05 17:55:59 +0800] [84959] [INFO] Booting worker with pid: 84959
```

同时，还可以创建一个Gunicorn的配置文件，以便更好地管理参数。在项目根目录下创建一个名为gunicorn_config.py的文件，输入如下内容：

```
# gunicorn_config.py
bind = '0.0.0.0:8000'
workers = 4
```

然后使用以下命令启动Gunicorn：

```
gunicorn your_project.wsgi:application -c gunicorn_config.py
```

（3）使用后台进程nohup服务部署Django项目。对于直接使用Django自带的启动服务方式时存在的问题，当启动服务窗口关闭时，Django的服务也断开了，外部浏览器就无法继续访问。那么如何能做到Django的服务进程在后台启动呢？也就是关闭当前窗口后，Django服务依然能正常运行。

可以直接向ChatGPT提问，给出的方案：可以使用工具如nohup（no hang up）或tmux（终端复用器）将Django服务进程在后台运行，以确保在关闭终端窗口后该服务仍然继续运行。

nohup工具使用起来相对简单一些，只需在上述的Gunicorn部署命令行开头使用nohup即可。示例如下：

```
(proj)ubuntu@VM-16-15-ubuntu:~/proj/myfirstproject$ nohup gunicorn myfirstproject.wsgi:application -w 4 -b 0.0.0.0:8000 &
nohup: ignoring input and appending output to 'nohup.out'
```

此时，即使关闭当前窗口，Django服务也是可以继续访问的，这样就实现了应用服务持续不中断。

（4）使用Nginx服务部署Django项目。Nginx是一款功能强大、性能优越的Web服务器，被广泛用于构建高性能和可靠的Web服务架构。

在Django项目中可以配置三种服务角色，其区别如下。

1）Django是一个网络框架。它可以构建核心Web应用程序，为网站上的实际内容提供支持，还可以处理HTML呈现、身份验证、管理和后端逻辑。

2）Gunicorn是一个应用服务器。它将HTTP请求转换为Python可以理解的内容。Gunicorn实现了Web服务器网关接口（WSGI），它是Web服务器软件和Web应用程序之间的标准接口。

3）Nginx是一个网络服务器。它是公共处理程序，更正式地名称为反向代理，用于传入请求并可扩展到数千个同时连接。

Nginx作为Web服务器，可以更有效地提供静态文件。这意味着，对于图像等静态内容的请求，可以省去Django中间过程，让Nginx直接渲染文件。因此在实际环境中还会在Gunicorn基础外再配置一个Nginx服务。

首先，需要在云服务器Ubuntu操作系统环境中使用apt-get安装Nginx，也可以使用docker容器来拉取Nginx镜像。

```
sudo apt update
sudo apt install nginx
```

然后，启动Nginx服务：

```
sudo systemctl start nginx
```

最后，具体配置过程可以组织提示词提供给ChatGPT，按照提示步骤完成。

ChatGPT提示词模板：

☑ 给一个简单的示例，使用Nginx服务部署Django项目。

4.7 小结

本章介绍了Django框架开发进阶知识，基于这些知识，读者可以丰富自己使用Django框架来开发Web应用的知识和思维路线。有了这些积累，就可以很准确给出ChatGPT提示词，也能通过ChatGPT这个工具得到更准确地输出，从而加速开发进程。

实 战 篇

第 5 章

ChatGPT 辅助 Django 博客系统项目设计

网络博客系统是很常见的 Web 应用项目，如 CSDN 博客、博客园和知乎等。通过博客系统可以发布博文，分享知识和经验，实现知识和信息的传播。本章将以基于 Django 框架实现一个博客系统项目开发为实战案例，详细介绍 Web 应用项目的开发过程。在开发过程中，使用 ChatGPT 生成技术文档和代码片段，同时介绍在 ChatGPT 的辅助下如何高效完成系统开发任务。

项目设计往往是整个开发工程的第一步，也是非常重要的一步。对于开发人员来说，深入了解整个项目，包括做好需求分析和总体设计，对于提高开发效率和加强团队协作能力是很关键的。有了 ChatGPT，无论是需求分析文档编写还是系统架构设计，甚至项目结构等，都可以在 ChatGPT 的辅助下快速完成，从而建立好整个项目开发的地基和指导框架。本案例将使用 Django 框架完成经典的博客系统项目的设计，本章将使用 ChatGPT 辅助完成该项目的需求分析和系统总体设计。

5.1 博客系统概述

5.1.1 博客系统简介

博客系统的主要功能是在网络上发布博客文章（以下简称博文），博文既可以是文字，也可以是图像或视频，这些博文可以供浏览者阅读同时点评。为了让浏览者更好地了解博客内容，还会对现有博客文章列表进行排名推荐。许多博客系统还可以进行文章本地搜索、修改主题风格、访问统计和内容标签。有的博客系统还提供了说说、时间轴、友情链接、相册和音乐播放器等特色功能，给用户不一样的使用体验。

网络上的博客系统分为个人博客网站和博客系统平台。个人博客网站为某一个人或公司所拥有，为宣传自身而创建，内容均由网站后端系统发布，前端主要为展示功能。博客系统平台则是一个多用户社区性质，博客显示模板都是统一制定的。用户注册登录后会拥有一个博客模板，登录后可以根据模板来发布博文。例如，CSDN和知乎等都属于类似平台。

例如，OpenAI的博客页面，显示了最近OpenAI产品的一些更新和相关新闻，如图5-1所示。

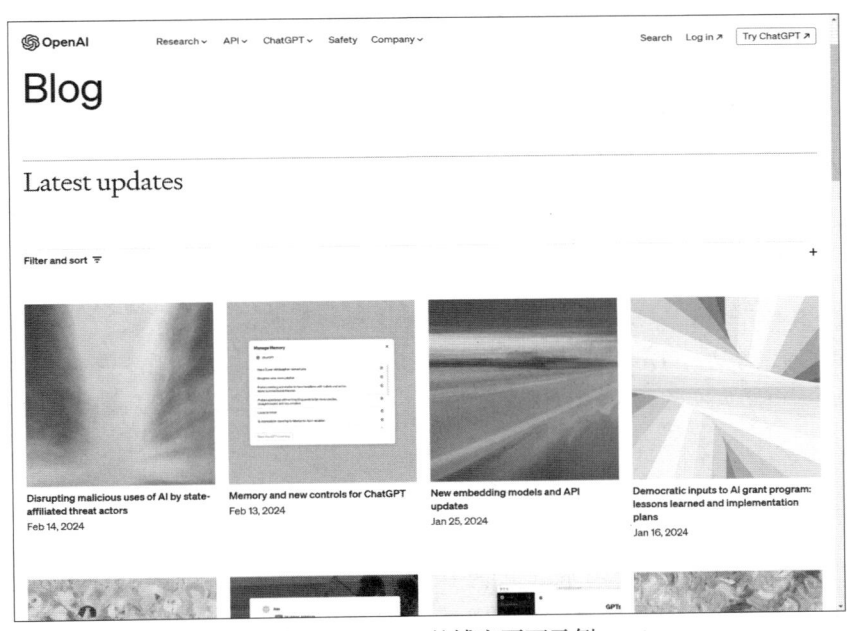

图5-1 OpenAI的博客页面示例

图5-2所示为CSDN博客系统平台页面，布局较为简洁大方，主要用于展示当前用户的博文。

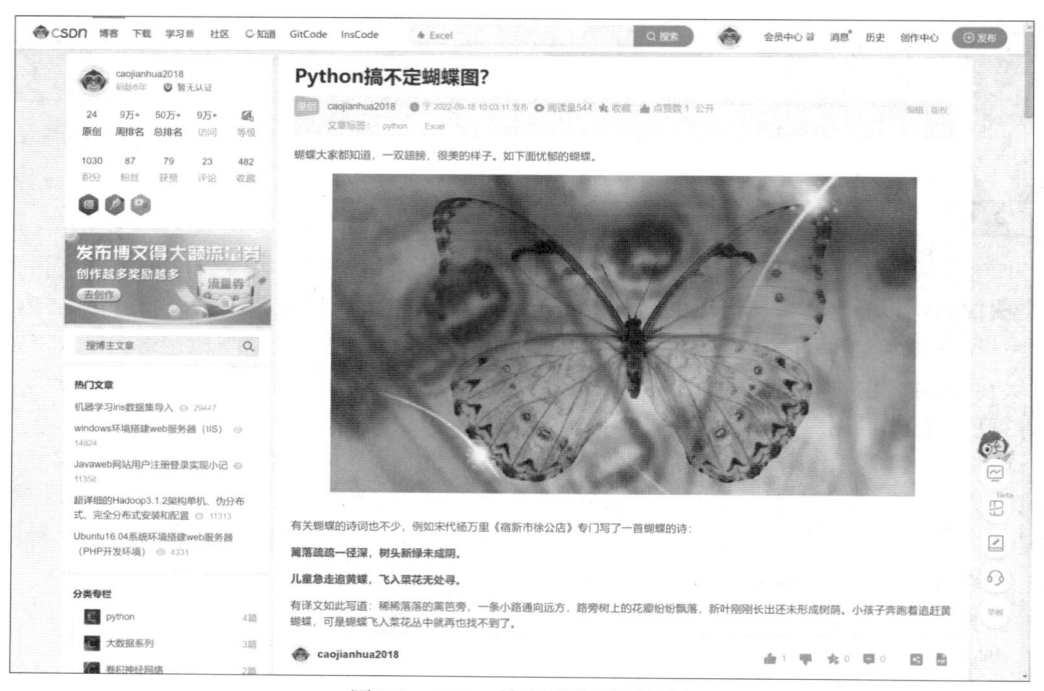

图 5-2　CSDN 博客系统页面示例

5.1.2　开源博客系统

博客系统是最常见的 Web 应用系统，由于其功能相对简单，开发难度较小，广受开发者欢迎，因此产生了许多开源的博客系统。最知名的包括以 PHP 语言为基础开发的 WordPress 和 Joomla，以 Java 语言为基础开发的 OpenCMS 和 Magnolia 等。而 Django CMS 开源博客系统也广受欢迎，基于 Flask 框架也有开源的博客系统 Flask-CMS。这些开源博客系统可以直接从官网上下载后安装使用。

由于该博客系统基于 Docker 容器服务来部署，因此，如果读者有兴趣使用该博客系统，可以详细阅读 github 页面的 quickstart 介绍，根据介绍来使用 docker 命令启动服务，然后测试博客系统。

5.1.3　案例实现效果

从本小节开始，将介绍基于 ChatGPT 使用 Django 框架一步步完成一个博客系统平台的开发。用户在博客首页可以浏览所有作者的博文，也可以通过首页上方的"注册"按钮注册成为作者，登录后进入用户中心发布博文，管理自己的博文，还可以在登录后浏览作者的博文时给予点评。Admin 后端管理系统则可以对所有作者和博文进行管理。图 5-3 所示为博客系统首页显示效果，图 5-4 所示为博文详情页面显示效果，图 5-5 所示为博客系统后端管理效果。

图5-3　博客系统首页显示效果

图5-4　博文详情页面显示效果

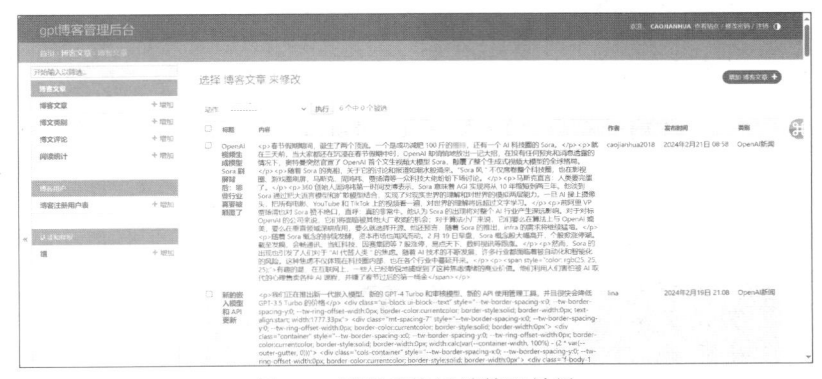

图5-5　博客系统后端管理效果

5.2 ChatGPT辅助编写需求分析文档

本章案例的目标是基于ChatGPT来辅助开发博客系统网站,示例如何使用ChatGPT来助力程序开发。由于OpenAI公司已经对GitHub上成千上万个网站托管代码学习过,因此直接将如何基于Django框架来开发一个博客系统的问题抛给ChatGPT就可以得到可靠的输出。不过由于开发过程是分步骤和分阶段的,因此需要按照项目开发的基本步骤来执行这次实战任务。下面介绍项目需求分析,以及博客系统的基本功能模块。

5.2.1 项目需求分析

下面基于如下提示词模板,使用ChatGPT的输出作为项目需求分析的文档。

ChatGPT提示词模板:

☑ 我是一个项目经理,现在使用Django框架来开发一个博客系统,请帮我写一份项目需求分析报告,不少于500字。

> **ChatGPT:**
>
> 项目需求分析报告:博客系统开发
> 1. 项目背景
> 博客作为一种常见的网络信息传播形式,被广泛运用于个人、机构等各种领域。本项目旨在开发一款基于Django框架的博客系统,为用户提供一个稳定、高效、易用的博客平台,方便用户发布、管理和分享自己的博客内容。
> 2. 功能需求
> 2.1 用户模块
> 用户注册:提供用户注册功能,包括用户名、邮箱、密码等基本信息。
> 用户登录:提供用户登录功能,支持邮箱或用户名登录。
> 用户权限管理:分为普通用户和管理员用户,管理员具有对博客、评论等内容的管理权限。
> 2.2 博客管理模块
> 博客发布:用户可以发布新的博客内容,包括标题、正文、标签、封面图等信息。
> 博客编辑:用户可以对已发布的博客进行编辑修改。
> 博客删除:用户可以删除自己发布的博客。
> 博客分类:支持对博客进行分类管理,方便用户浏览和检索。
> 2.3 评论管理模块
> 评论功能:用户可以对博客进行评论,评论内容包括文字、表情等。
> 评论审核:管理员对用户评论进行审核,可删除违规内容。
> 回复功能:支持用户对评论进行回复,形成交流互动。
> 2.4 用户界面设计
> 首页展示:显示最新发布的博客列表,包括标题、作者、发布时间等信息。
> 博客详情页:展示单篇博客的详细内容,包括标题、正文、作者信息、评论等。
> 用户个人中心:用户可以查看自己发布的博客、收到的评论等信息。
> 2.5 其他功能
> 搜索功能:支持用户根据关键词搜索博客内容。
> 分页功能:对博客列表、评论列表等进行分页显示,提高页面加载速度。
> 3. 非功能需求
> 3.1 性能要求
> 平台稳定性:系统需要具备较高的稳定性,能够应对高并发访问。
> 响应速度:页面加载速度响应快,用户操作流畅。
> 3.2 安全性要求
> 用户信息安全:用户密码等敏感信息需要进行加密存储,确保用户信息安全。
> 防止注入攻击:对用户输入内容进行有效过滤,防止SQL注入等攻击。

3.3 可扩展性
架构灵活：设计合理的架构，方便后续功能扩展和系统升级。
插件支持：保留接口，方便集成第三方插件或模块。

4. 技术选型
后端框架： Django框架，基于Python语言，成熟稳定且拥有强大的社区支持。
数据库： 使用MySQL或者PostgreSQL等关系型数据库，保证数据存储的稳定性和安全性。
前端框架： Bootstrap等响应式前端框架，确保网页在不同设备上的友好显示。

5. 项目规划
阶段一： 系统搭建与基础功能开发，包括用户模块、博客管理模块等。
阶段二： 功能完善与优化，包括评论管理、界面设计等。
阶段三： 测试与部署，确保系统稳定性和安全性。
阶段四： 后续维护与功能迭代，根据用户反馈和需求进行系统升级和优化。

6. 风险分析
技术风险： 开发过程中可能遇到与Django框架相关的技术挑战，需要及时解决。
安全风险： 用户信息泄露、数据丢失等安全问题需要引起重视，加强安全防护措施。
人力风险： 开发团队成员变动、开发进度延迟等因素可能影响项目进展，需要合理分配资源和管理团队。

7. 总结
本项目旨在开发一款基于Django框架的博客系统，通过功能完善、性能稳定、安全可靠的特性，为用户提供一个良好的博客阅读和交流平台。通过合理的规划和风险控制，确保项目按时交付并满足用户需求。

以上为ChatGPT生成的需求分析报告，这份报告对整个博客系统项目的需求分析还是很全面的，包括项目背景、功能需求、非功能需求、技术选型、项目规划和风险分析等，都做了较为详细的描述。特别是在技术选型上可以直接确定技术栈。

5.2.2 功能需求导图

对于上述功能模块设计，如果能形成思维导图，就更容易理解整体的结构了。下面首先使用ChatGPT将上述功能需求转换为Markdown语法表示形式，然后使用在线工具将Markdown内容转换为思维导图。

（1）使用ChatGPT将功能需求转换为Markdown语法表示形式。

ChatGPT提示词模板：

☑ 请将上述需求分析文档中的功能需求内容转换为Markdown语法表示内容。

> **ChatGPT：**
>
> 下面是功能需求思维导图的Markdown表示：
> - 功能需求
>   - 用户模块
>   - 用户注册
>   - 用户登录
>   - 用户权限管理
>   - 博客管理模块
>   - 博客发布
>   - 博客编辑
>   - 博客删除
>   - 博客分类
>   - 评论管理模块
>   - 评论功能
>   - 评论审核
>   - 回复功能
>   - 用户界面设计
>   - 首页展示
>   - 博客详情页

```
        - 用户个人中心
    - 其他功能
        - 搜索功能
        - 分页功能
    - 非功能需求
        - 性能要求
        - 安全性要求
        - 可扩展性
```
你可以将以上Markdown代码复制粘贴到支持Markdown格式的编辑器或平台上，如GitHub和Typora等，就可以展示出思维导图的结构。

ChatGPT可以记忆上下文关系，如果想更精确一些，可以将上述需求分析文档中的功能需求内容直接复制到聊天窗口，然后加上指令：转换为Markdown内容。

（2）使用在线工具将Markdown形式的内容转换为思维导图。这里使用了一款思维导图制作软件Markmap。该软件可以直接将Markdown形式的内容转为思维导图显示，同时该款软件还支持在线制作。直接在在线页面左侧窗口粘贴ChatGPT给出的Markdown内容，就可以绘制出项目功能需求思维导图，如图5-6和图5-7所示。

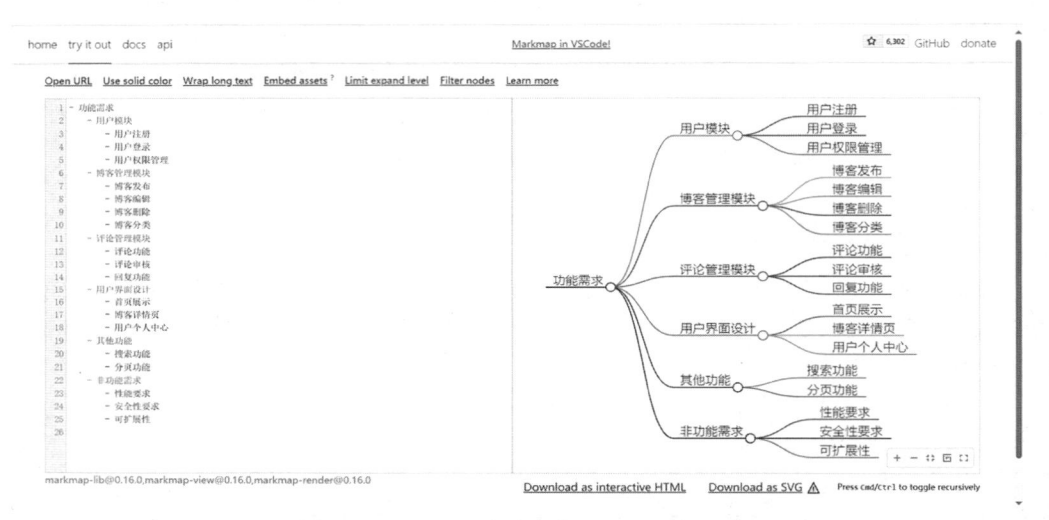

图5-6　Markmap在线制作思维导图窗口

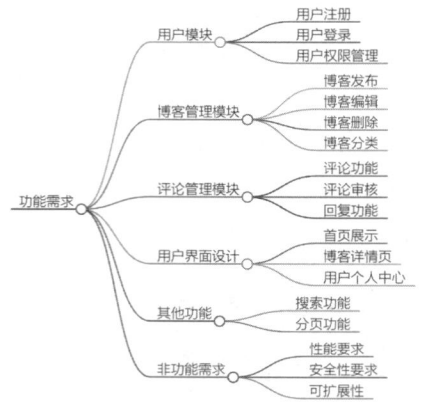

图5-7　项目功能需求思维导图

5.3　ChatGPT辅助系统架构设计

5.3.1　系统架构设计

系统架构设计是指在软件开发过程中，对系统整体结构进行规划和设计的过程。它涉及系统的组成部分、各部分之间的关系，以及系统的行为和性能等方面。系统架构设计的目标是确保系统能够满足用户需求，具备良好的扩展性、可维护性、可靠性和性能。

在系统架构设计中，通常包括以下几个方面。

（1）系统组成部分：定义系统的各个模块或组件，以及它们之间的关系。这些组成部分可以是软件模块、硬件设备和数据库等。

（2）模块间的通信和交互：确定模块之间的通信方式和交互规则，包括接口设计和消息传递方式等。这些通信方式可以是同步的或者异步的，也可以是通过API、消息队列等来实现。

（3）数据流和数据存储：定义系统中涉及的数据流动和数据存储方式。包括数据的输入、处理和输出，以及数据在系统中的存储和管理。

（4）系统行为和功能：确定系统的功能需求和行为规则，包括用户界面设计、业务逻辑处理和错误处理等方面。这些功能需求需要根据用户需求和业务流程进行定义和分析。

（5）性能和可靠性：考虑系统的性能和可靠性要求，包括系统的吞吐量、响应时间和并发能力等方面。在设计中需要采取相应的措施来满足这些性能和可靠性要求。

（6）安全性和可维护性：考虑系统的安全性和可维护性要求，包括数据的安全存储、用户认证授权、系统监控和日志记录等方面。设计需要遵循安全最佳实践，并考虑系统的可维护性和可扩展性。

系统架构设计是软件开发过程中至关重要的一步，它为后续的详细设计、开发、测试和部署奠定了基础。一个良好的系统架构设计能够确保系统具备良好的可扩展性和可维护性，从而满足用户的需求并提供良好的用户体验。

5.3.2　PlantUML 架构图

PlantUML是一种文本描述语言，它可以帮助开发人员快速绘制各种类型的UML（Unified Modeling Language）图表，如类图、时序图和用例图等。使用PlantUML，开发人员只需通过简单的文本描述，就能生成图形化的UML图表，而不需要手动绘制或使用复杂的图形工具。

PlantUML的语法非常简单易懂，它使用类似于编程语言的语法来描述UML图表中的各个元素和它们之间的关系。例如，通过使用一些关键字和符号，可以定义类、接口、关联关系和继承关系等，从而构建出完整的 UML 图表。

用户可以直接通过在线方式使用PlantUML。进入网页后直接将ChatGPT转换后的PlantUML文本内容复制进去，然后单击下方的Submit按钮，就可以生成架构图，如图5-8所示。

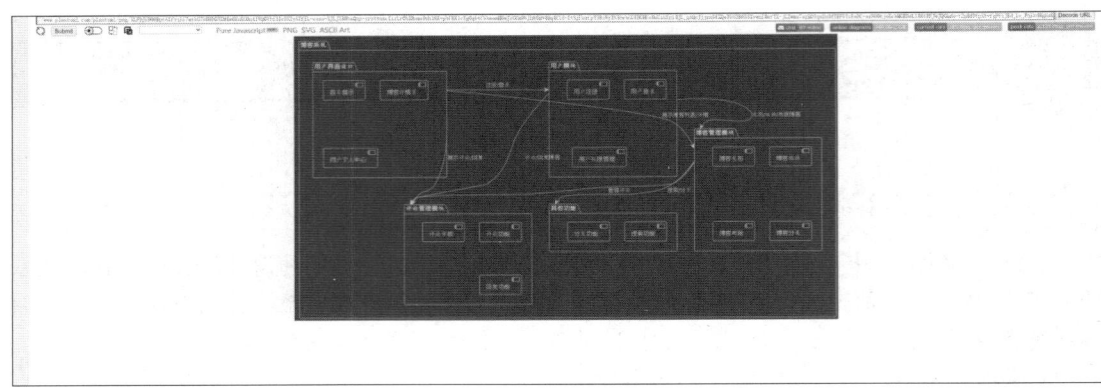

图 5-8　在线用PlantUML绘制窗口

5.3.3　博客系统的总体架构设计

（1）将功能需求内容转换为PlantUML。

ChatGPT提示词模板：

☑请将上述需求分析文档中的功能需求内容，使用PlantUML语言绘制分层架构设计图。

ChatGPT：

下面是使用PlantUML语言绘制的分层架构设计图，展示了博客系统的系统架构，包括用户模块、博客管理模块、评论管理模块、用户界面设计和其他功能。

```
@startuml

package "博客系统" {
    package "用户模块" {
        [用户注册]
        [用户登录]
        [用户权限管理]
    }

    package "博客管理模块" {
        [博客发布]
        [博客编辑]
        [博客删除]
        [博客分类]
    }

    package "评论管理模块" {
        [评论功能]
        [评论审核]
        [回复功能]
    }

    package "用户界面设计" {
        [首页展示]
        [博客详情页]
        [用户个人中心]
    }

    package "其他功能" {
```

```
            [搜索功能]
            [分页功能]
    }

    [用户模块]     --> [博客管理模块] : 发布/编辑/删除博客
    [用户模块]     --> [评论管理模块] : 评论/回复博客
    [博客管理模块] --> [评论管理模块] : 管理评论
    [博客管理模块] --> [其他功能]     : 搜索/分页
    [用户界面设计] --> [用户模块]     : 注册/登录
    [用户界面设计] --> [博客管理模块] : 展示博客列表/详情
    [用户界面设计] --> [评论管理模块] : 展示评论/回复
}

@enduml
该架构图展示了博客系统的分层结构,各个模块之间的关联关系清晰可见,有助于对系统设计进行理解和沟通。
```

(2)在线绘制PlantUML架构图。将上述代码复制到PlantUML在线网页的上部空白处,然后单击Submit按钮,即可获得博客系统总体架构图,如图5-9所示。

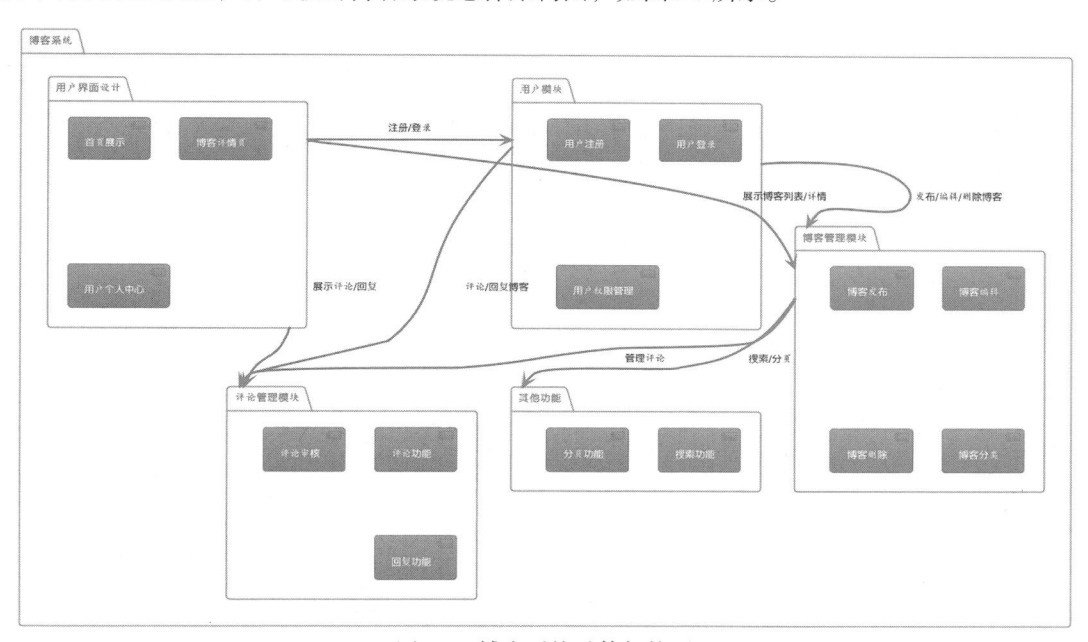

图5-9　博客系统总体架构图

5.4 小结

本章基于ChatGPT的强大自然语言处理功能实现了项目需求文档的高效编写,并基于需求功能分析进行了详细的系统架构设计,完成了整个博客系统项目的基础设计,建立了整个项目的清晰思维路线。接下来就可以开始进行各个功能模块的开发了。

第 6 章

ChatGPT 辅助 Django 博客系统后端管理系统开发

Django 框架自带的 Admin 后端管理系统深受开发者喜爱，因为它可以省去开发者的很多时间和精力，让开发者可以全身心投入与前端相关的业务模块开发。本章将实现博客系统的主要管理对象博客文章、博客用户、博客评论、博文阅读统计的模型建立和模型迁移处理，快速搭建 Admin 后端管理系统，从而实现对这些对象进行管理的目标。

6.1 博客系统开发环境准备

目前已经确定了博客系统案例将开发的一些功能模块，主要包括用户模块、博客管理模块、评论管理模块、用户界面设计和其他功能。单从模块来看，主要包括用户模块、博客管理模块和评论管理模块。这3个模块实际上就是博客系统的3个App应用，但博客管理模块和评论管理模块可以放在同一个App应用里。因此，在博客系统开发环境准备中可以直接创建这两个子App应用，然后逐步丰富其内部的功能。

6.1.1 项目创建

基于Django框架进行项目创建的步骤前面章节已经详细介绍过了，这里不再赘述。首先，使用django-admin命令完成项目的创建，项目命名为gptblog。

```
(venv) PS E:\> django-admin startproject gptblog
```

然后，进入gptblog目录，创建两个应用users和blogs。

```
(venv) PS E:\>cd  gptblog
(venv) PS E:\gptblog>django-admin startapp users
(venv) PS E:\gptblog>django-admin startapp blogs
```

同时安装一下数据库依赖库mysqlclient、后端显示富文本插件django-ckeditor和djangorestframework依赖库：

```
(venv) PS E:\gptblog>pip install mysqlclient django-ckeditor djangorestframework
```

由于Django框架创建App应用时，默认不创建每个App的urls路由分配文件，因此可以在项目开始时就在各个应用中添加这个urls.py路由分配文件，用于后续的路由配置。同时，创建模板目录templates、静态资源文件目录static及其子目录css、img和js。

目前整体项目结构如下：

```
gptblog/
│
├── gptblog/
├── users/
├── blogs/
├── templates/
├── static/
│   ├── css
│   ├── img
│   └── js
└── manage.py
```

6.1.2 全局设置

进入项目的gptblog目录，选择settings.py文件进行一些全局设置，其中包括增加两个子App应用名称、simpleui名称、语言环境和时区，以及模板引擎目录和静态文件路径等。参考如下步骤，也可以基于提示词使用ChatGPT给出答案。

ChatGPT提示词模板：

☑如何对Django项目进行全局参数配置，包括添加App名称、设置中文和时区、模板引擎目录以及静态文件路径。

（1）增加App名称。参考代码如下：

```python
# SECURITY WARNING: don't run with debug turned on in production!
DEBUG = True
ALLOWED_HOSTS = ['*']                              # 允许外部访问
# Application definition
INSTALLED_APPS = [
'ckeditor',                                         # 添加后端富文本插件
'rest_framework',                                   # 添加API接口插件
    'django.contrib.admin',
    'django.contrib.auth',
    'django.contrib.contenttypes',
    'django.contrib.sessions',
    'django.contrib.messages',
    'django.contrib.staticfiles',
    'users',                                        # 添加users应用
    'blogs'                                         # 添加blogs应用
]
```

（2）项目语言和时区设置。参考代码如下：

```python
# Internationalization
# https://docs.djangoproject.com/en/4.2/topics/i18n/
LANGUAGE_CODE = 'zh-hans'
TIME_ZONE = 'Asia/Shanghai'
```

（3）模板引擎目录设置。参考代码如下：

```python
TEMPLATES = [
    {
        'BACKEND': 'django.template.backends.django.DjangoTemplates',
        'DIRS': [BASE_DIR / "templates"],    # 设置模板文件的存放路径
        'APP_DIRS': True,
        'OPTIONS': {
            'context_processors': [
                'django.template.context_processors.debug',
                'django.template.context_processors.request',
                'django.contrib.auth.context_processors.auth',
                'django.contrib.messages.context_processors.messages',
            ],
        },
    },
]
```

（4）静态资源文件设置。参考代码如下：

```python
# Static files (CSS, JavaScript, Images)
# https://docs.djangoproject.com/en/4.2/howto/static-files/
STATIC_URL = 'static/'
STATIC_ROOT = os.path.join (BASE_DIR, 'static')
```

（5）富文本插件配置。参考代码如下：

```python
CKEDITOR_CONFIGS = {
    'default': {
        'toolbar': 'full',
```

```
            'height': 300,
            'width': 900,
        },
    }
```

（6）博客系统全局urls路由设置。整个博客系统的路由配置可以在gptblog目录下的urls.py文件中设置，示例代码如下。在开发过程中，可以先将path('',include("blogs.urls"))和path('user/',include("users.urls"))这两处配置注释，等到开发前端博客首页和用户注册登录时再去掉注释，避免测试启动服务报错。

```
from django.contrib import admin
from django.urls import path, include

urlpatterns = [
    path('admin/', admin.site.urls),            # 处理后端管理系统配置
    #path('',include("blogs.urls")),            # 处理博文管理相关路由配置
    #path('user/',include("users.urls"))        # 处理用户相关路由配置
    #path('api/',include("api.urls"))           # 处理API接口路由配置
]
```

6.1.3 数据库设置

本案例使用MySQL存储博客系统的数据。读者可以使用PHPStudy小皮面板在本地创建一个数据库（见3.3.3小节），命名为gptblog，并设定用户名为gpt，密码为gpt123，如图6-1所示。值得注意的是，如果使用mysqlclient，需要将MySQL的版本升级到8.0，在PHPStudy小皮面板上可以选择8.0版本的MySQL安装后启动即可。

图6-1 博客系统数据库创建示意图

下面在settings.py文件中配置数据库的连接，参考代码如下：

```
# Database
# https://docs.djangoproject.com/en/4.2/ref/settings/#databases
DATABASES = {
    'default': {
        'ENGINE': 'django.db.backends.mysql',
        'NAME': 'gptblog',                      # 数据库名称
        'USER': 'gpt',                          # MySQL用户名
```

```
            'PASSWORD': 'gpt123',              # MySQL密码
            'HOST': 'localhost',               # MySQL主机地址（默认为 localhost）
            'PORT': '3306',                    # MySQL端口号（默认为 3306）
        }
    }
```

在后续将项目部署上线时，还需要将这个数据库设置中的HOST修改为服务器中的mysql地址。

6.2 Admin后端管理系统开发

准备好开发环境后就可以进行功能模块开发了，包括用户模块、博客管理模块、评论管理模块、用户界面设计和分页搜索等功能。因为有ChatGPT工具，所以代码编写就变得特别容易，但由于是一个完整的项目，因此合理组织好项目模块优先次序还是需要提前规划好。下面就按正常的项目开发过程在ChatGPT辅助下完成各个功能模块的开发。

6.2.1 后端用户管理模块开发

这里的用户不是后端管理系统的管理用户，而是博客系统的注册用户，也就是浏览者可以使用系统提供的注册功能注册成为博客系统的正式用户，登录后就可以发布博客文章、管理自己的博客文章，以及对其他用户发布的博客文章进行留言或点评。用户管理模块对应上述项目中创建的users应用。由于Django框架自带用户AbstractUser类，同时有授权和认证功能，因此可以直接继承该类实现用户模块开发。操作时可以基于如下提示词获得该模块开发过程的参考。

ChatGPT提示词模板：

☑现在使用Django框架进行博客系统的用户管理模块开发，包括用户注册、登录和个人中心等管理功能，先进行用户数据模型设计，然后进行视图模板引擎的开发，最后进行用户访问路由配置。

（1）用户数据模型设计。直接在users模块下的models.py文件中输入代码创建BlogUser类，继承自带的AbstractUser类。如果不添加用户信息，这一步模型就可以不做，但有时需要一些自定义用户属性，如手机号码和微信号等，因此最好在此基础上使用自定义用户模型。参考如下代码：

```
from django.contrib.auth.models import AbstractUser, Group, Permission
from django.db import models

class BlogUser(AbstractUser):
    phone_number = models.CharField(max_length=15, blank=True,verbose_name="用户手机号")
    avatar = models.ImageField(upload_to='avatars/', null=True, blank=True,verbose_name="用户logo")
    date_visited = models.DateTimeField(verbose_name="访问时间")
    # 添加related_name参数解决与内置用户模型字段的冲突
    groups = models.ManyToManyField(
        Group,
        verbose_name='groups',
        blank=True,
        help_text='The groups this user belongs to.',
        related_name='bloguser_set',     # 为groups添加related_name参数
```

```
            related_query_name='bloguser',
        )
        user_permissions = models.ManyToManyField(
            Permission,
            verbose_name='user permissions',
            blank=True,
            help_text='Specific permissions for this user.',
            related_name='bloguser_set',    # 为user_permissions添加related_name参数
            related_query_name='bloguser',
        )
        class Meta:
            verbose_name = '博客注册用户表'
            verbose_name_plural = verbose_name
```

由于在模型定义中使用了ImageField类型，也就是图像，因此还需要在控制台中使用pip工具安装pillow库。AbstractUser类是Django框架自带的抽象类，可以让ChatGPT做一下详细解释。

ChatGPT提示词模板：

☑ 请解释一下Django框架自带的AbstractUser类。

ChatGPT：

AbstractUser是Django中的一个抽象用户模型类，用于创建用户认证系统。它提供了一些常用的用户属性和方法，可以用作自定义用户模型的基类。

具体来说，AbstractUser类包含以下属性和方法。
username：用户的用户名，用于登录认证。
password：用户的密码，通常使用哈希值进行存储。
email：用户的邮箱地址，可以用于登录认证和与用户进行通信。
first_name和last_name：用户的姓和名。
is_active：一个布尔值，表示用户是否处于活动状态。被标记为非活动状态的用户无法登录。
is_staff和is_superuser：用于确定用户是否具有特定权限，如管理网站等。
date_joined：用户加入网站的日期和时间。
AbstractUser类还提供了一些方法，用于用户认证和权限管理等功能。例如：
authenticate(username, password)：用于验证用户的用户名和密码是否匹配，并返回用户对象。
set_password(raw_password)和check_password(raw_password)：分别用于设置用户密码和验证用户密码是否匹配。
has_perm(perm)和has_module_perms(app_label)：用于检查用户是否具有特定权限或应用程序权限。
通过继承AbstractUser类，你可以在自定义用户模型中添加额外的字段和方法，以满足项目的特定需求。这样做可以方便地扩展用户模型，并与Django的身份验证系统集成。

定义好数据模型后，需要将其注册到后端管理系统，因此在同级别目录下的admin.py文件中添加如下代码，同时更改一下后端管理系统的标题名称：

```
from .models import BlogUser
from django.contrib import admin

# 设置管理后端每个记录列表显示方式
class BlogUser_Manager(admin.ModelAdmin):
    list_display = ['username','passwd','phone_number','avatar','is_active','date_joined']

# 设置后端管理系统的标题名称
admin.site.site_header = 'gpt博客管理后台'      # 设置header
admin.site.site_title = 'gpt博客管理后台'       # 设置title
admin.site.index_title = 'gpt博客管理后台'
```

```
# 注册到后端管理系统
admin.site.register(BlogUser,BlogUser_Manager)
```

（2）用户数据模型迁移。当用户模型定义好后，就可以使用模型迁移命令将定义好的模型保存到数据库中。首先，在项目终端输入如下指令，完成数据模型迁移和数据库的创建：

```
(venv) PS E:\gptblog>python manage.py makemigrations
Migrations for 'users':
    users\migrations\0001_initial.py
    - Create model BlogUser
(venv) PS E:\gptblog>python manage.py migrate
    Apply all migrations: admin, auth, contenttypes, sessions, users
Running migrations:
    Applying users.0001_initial... OK
```

然后创建后端管理账户：

```
(venv) PS E:\gptblog>python manage.py createsuperuser
用户名 (leave blank to use 'hp'): hp
电子邮件地址:
Password:
Password (again):
Superuser created successfully.
```

（3）后端管理系统用户管理。在完成数据模型迁移并设置了超级管理用户密码后，就可以启动项目登录后端管理系统了。

```
(venv) PS E:\gptblog>python manage.py runserver
Watching for file changes with StatReloader
Performing system checks...

System check identified no issues (0 silenced).
February 18, 2024 - 20:37:46
Django version 4.2.9, using settings 'gptblog.settings'
Starting development server at http://127.0.0.1:8000/
Quit the server with CTRL-BREAK.
```

直接打开浏览器，输入http://127.0.0.1:8000/admin，就可以进入后端管理系统了，如图6-2所示。

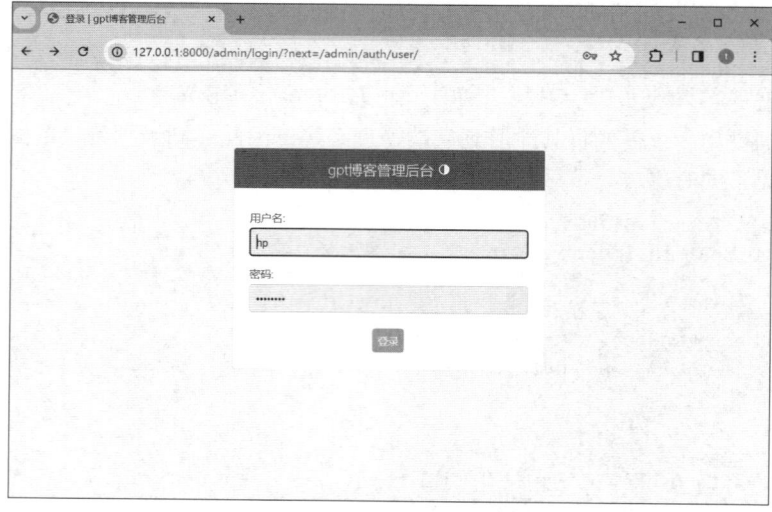

图6-2　后端管理系统登录首页

输入正确的用户名和密码后，单击"登录"按钮进入后端管理系统主窗口，如图6-3所示。

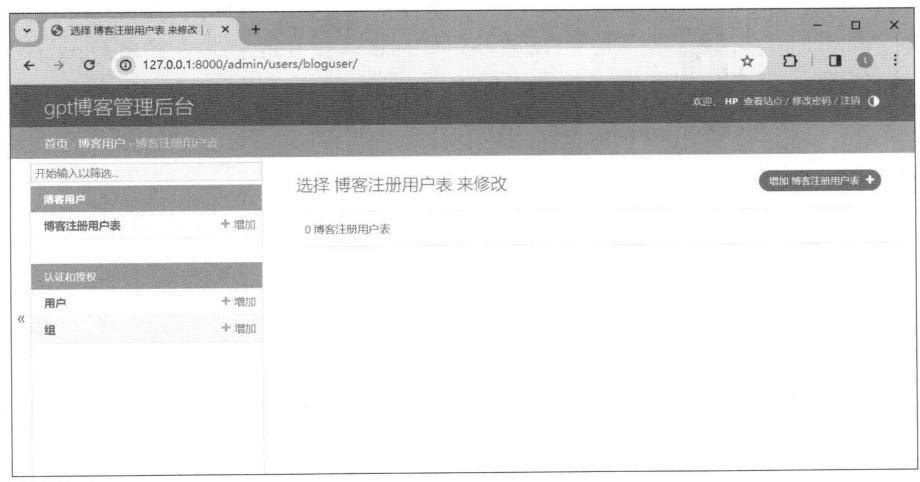

图6-3 后端管理系统主窗口

单击"博客注册用户表"按钮，就可以开始进行用户的管理操作了。对于一个Web应用系统，在生产环境下，用户信息一般是在前端注册后再保存到数据库，为了测试这里，可以在后端增加测试用户账号，添加后就有记录信息了，如图6-4所示。

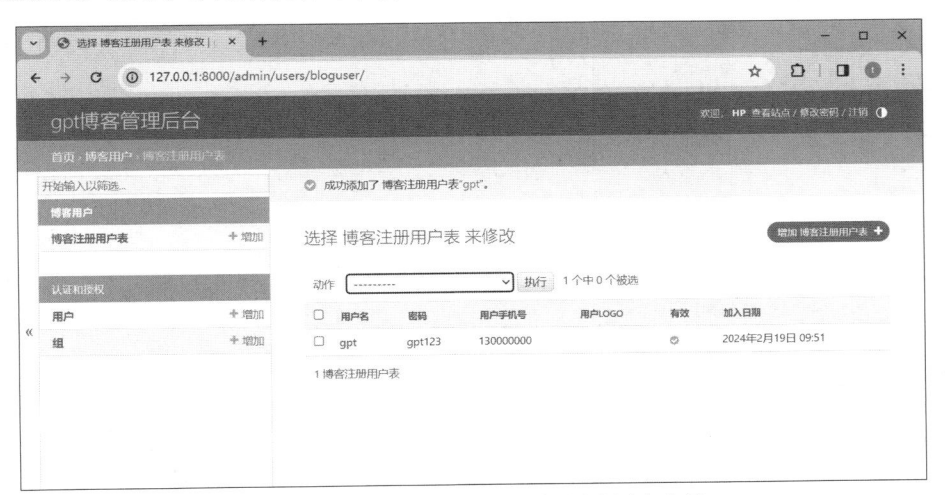

图6-4 在后端管理系统中增加测试用户账号

6.2.2 后端博文管理模块开发

根据需求分析和系统架构设计，博客管理主要包括博文的增删改查和博文的分类、统计管理。基于Django框架的开发流程，先进行用户数据模型的设计，然后开展视图模板引擎的开发，最后进行用户访问路由配置。可以基于如下提示词获得该模块开发过程的参考。

ChatGPT提示词模板：

☑ 现在使用Django框架进行博客系统的博文管理模块开发，包括博文增删改查、博文分类、博文评论、博文统计等管理功能，先进行用户数据模型设计，然后进行视图模板引擎的开发，最后进行用户访问路由配置。

（1）用户数据模型设计。常见的博文属性一般包括作者、标题、内容、发布时间、所属类别、标签和封面图等。博文评论则包括评论员、评论的博文标题、评论时间和评论的博文作者等，博文阅读统计包括博文标题和统计次数。接下来直接在blogs模块下的models.py文件中输入代码开始创建BlogCategory、BlogArticle和BlogComment类。参考如下代码：

```python
from django.db import models
# 定义博文分类模型
class BlogCategory(models.Model):
    name = models.CharField(max_length=50,verbose_name="博文类别")
    def __str__(self):
        return self.name
    class Meta:
        verbose_name = '博文类别'
        verbose_name_plural = verbose_name

# 定义博文模型
class BlogArticle(models.Model):
    title = models.CharField(max_length=200,verbose_name="标题")
    content = models.RichTextField(verbose_name="内容")
    # 博客作者，使用外键与用户关联
    username = models.ForeignKey(to="users.BlogUser", on_delete=models.CASCADE, verbose_name="作者")
    created_at = models.DateTimeField(auto_now_add=True,blank=True, null=True, verbose_name="发布时间")
    updated_at = models.DateTimeField(auto_now=True,blank=True, null=True,verbose_name="更新时间")
    # 博客分类，使用外键与分类关联
    category = models.ForeignKey(BlogCategory,on_delete=models.CASCADE, null=True,verbose_name="类别")
    tags = models.CharField(max_length=100, blank=True, null=True,verbose_name="标签")
    cover_image = models.ImageField(upload_to='blog_covers/', null=True, blank=True,verbose_name="封面图")
    def __str__(self):
        return self.title

    class Meta:
        verbose_name = '博客文章'
        verbose_name_plural = verbose_name

# 定义博文评论模型
class BlogComment(models.Model):
    # 关联到博文
    blog = models.ForeignKey(BlogArticle, on_delete=models.CASCADE, verbose_name="博文标题")
    commentor = models.ForeignKey(to="users.BlogUser", on_delete=models.CASCADE,verbose_name="评论者")
    content = models.RichTextField(verbose_name="内容")
    created_at = models.DateTimeField(auto_now_add=True,verbose_name="评论时间")
    def __str__(self):
        return f'Comment by {self.commentor} on {self.blog}'

    class Meta:
        verbose_name = '博文评论'
        verbose_name_plural = verbose_name
```

```python
# 博文阅读统计
class BlogStats(models.Model):
    blog = models.ForeignKey(BlogArticle, on_delete=models.CASCADE, verbose_name="博文标题")
    counts = models.IntegerField(verbose_name="阅读次数")

    class Meta:
        verbose_name = '阅读统计'
        verbose_name_plural = verbose_name
```

(2)数据模型迁移。在完成数据模型定义后，就可以使用模型迁移命令将定义好的模型保存到数据库中。在项目终端输入如下指令以完成数据模型迁移和数据库的创建：

```
Migrations for 'blogs':
  blogs\migrations\0001_initial.py
    - Create model BlogArticle
    - Create model BlogCategory
    - Create model BlogStats
    - Create model BlogComment
    - Add field category to blogarticle
    - Add field username to blogarticle
(venv) PS E:\bh_proj\blogApp\gptblog> python manage.py migrate
Operations to perform:
  Apply all migrations: admin, auth, blogs, contenttypes, sessions, users
Running migrations:
  Applying blogs.0001_initial... OK
```

(3)后端管理系统博客管理。在完成数据模型迁移后，就可以登录后端管理系统，进行博文相关管理了。图6-5所示为后端管理系统博文类别添加测试，图6-6所示为后端管理系统博文增加测试，图6-7所示为博客系统后端博文内容列表显示，图6-8所示为博客系统后端博文阅读次数测试。

图6-5 后端管理系统博文类别增加测试

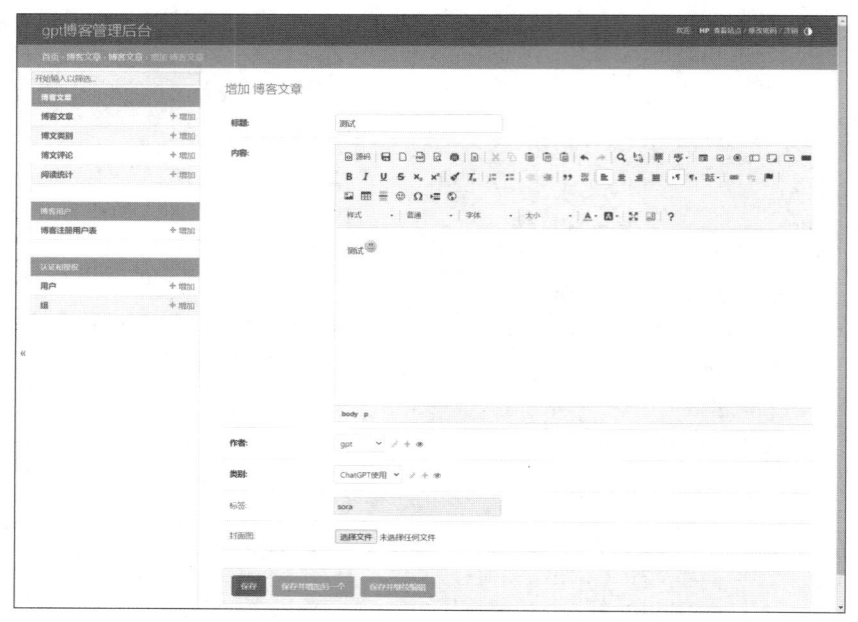

图6-6 后端管理系统博文增加测试

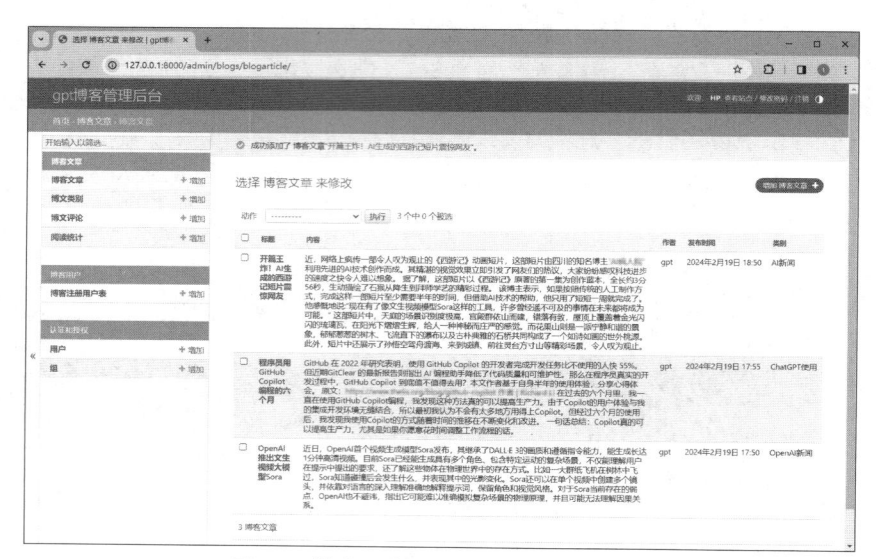

图6-7 博客系统后端博文内容列表显示

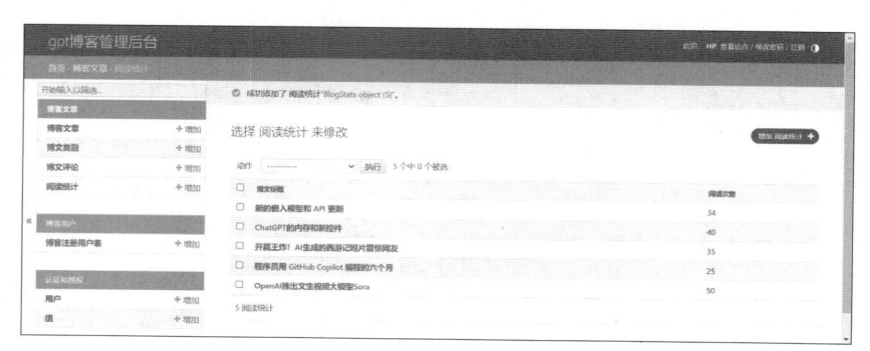

图6-8 博客系统后端博文阅读次数测试

6.3 小结

本章介绍了博客系统Admin后端管理系统开发。首先定义好博客系统包括的主要实体对象的模型，如博客文章、博客用户、博文类别和博文统计等；然后基于Django模型创建过程实现数据库的开发；最后在模型迁移并创建超级用户后就可以进入后端管理系统进行博客系统数据的管理。整个过程直接按步骤操作即可，多加练习就可以不使用ChatGPT辅助，因为ChatGPT只是一种辅助工具，开发者还需提高自身的开发水平。

第 7 章

ChatGPT 辅助 Django 博客系统前端功能模块开发

本章介绍的博客系统案例不是个人站点，而是一个博文平台或社区，游客可以注册成为会员后发布自己的博文、管理自己的博文，并且评论别人的博文。因此，前端功能模块除了首页外，还包括用户注册和登录以及用户中心等模块。本章将详细介绍如何在 ChatGPT 的辅助下完成上述所有功能模块的开发，包括模块本身的 UI 设计和业务逻辑处理过程。

7.1 前端博客系统首页功能开发

7.1.1 任务需求

本案例的博客系统首页功能主要用于最新博文列表展示、博文检索及博客作者注册登录。表7-1为博客系统首页功能用例描述。

表 7-1 博客系统首页功能用例描述

用例名称	用户浏览博客系统首页
主要参与者	用户
前置条件	用户进入博客系统首页
后置条件	用户浏览到博客系统首页
主要流程	1. 用户打开博客系统首页
	2. 用户查看页面顶部的网站标志和导航栏，导航栏包括首页、博客、关于和登录/注册等链接
	3. 用户浏览主体部分，查看最新发布的博文列表，包括博文的标题、作者、发布时间以及部分内容摘要
	4. 用户查看右侧边栏，包括搜索框，可以输入关键词进行博文检索
	5. 用户浏览底部，包括网站的版权信息和其他相关链接
	6. 用户可以选择单击导航栏中的链接以浏览其他页面
	7. 用户可以使用搜索框进行博文检索
	8. 用户可以选择单击登录/注册链接以进行用户身份验证
备选流程	1. 如果用户未登录，系统可能跳转至登录页面或显示有限内容
	2. 如果搜索框中未输入关键词，系统可能显示默认的博文列表
	3. 用户可以选择单击每篇博文以查看完整内容

7.1.2 博客系统首页 UI 设计

首页是用户访问Web应用系统时的第一个页面，因此首页的设计就变得非常重要。美观、简洁和大方等都是评判的标准，设计时需要考虑大众的审美标准。同时，功能方面需要综合考虑系统的需求。

本案例的博客系统首页功能主要用于最新博文列表展示、博文检索以及博客作者注册登录。下面可以先给出设计原型图，然后基于原型图进行语言描述，形成清晰的提示词，提交给ChatGPT进行编码，也可以直接让ChatGPT给出原型图方案，然后在给出的文本中适当修改即可。演示过程如下。

ChatGPT提示词模板：

☑ 本案例的博客系统首页功能主要用于最新博文列表展示、博文检索及博客作者注册登录。请给出建议设计方案。

> **ChatGPT:**
>
> 针对博客系统首页的功能设计,可以采取以下方案。
> 最新博文列表展示:在首页上显示最新发布的博文列表,包括标题、作者、发布时间等信息。可以通过从数据库中获取最新的博文数据,并在页面上进行展示实现。
> 博文检索:提供搜索框让用户可以根据关键词检索博文内容,也可以使用全文搜索引擎或者基于数据库的搜索功能来实现,确保检索结果准确、快速。
> 博客作者注册登录:在首页上提供注册和登录入口,让博客作者可以注册新账号或者登录已有账号。可以通过链接到用户注册和登录页面来实现,或者在首页直接嵌入注册登录表单。
> 基于以上设计方案,可以实现一个功能完善的博客系统首页,方便用户浏览最新的博文内容,快速检索感兴趣的主题,并且提供注册登录功能让作者可以管理自己的博客内容。

接下来,可以让ChatGPT给出原型图设计方案。

ChatGPT提示词模板:

☑ 在设计方案基础上进行原型图设计,请给出具体描述。

> **ChatGPT:**
>
> 当然,以下是一个简单的博客系统首页设计原型图。
> 在这个设计中:
> 页面顶部包括了网站的标志和导航栏,导航栏中包括了首页、博客、关于和登录/注册等链接。
> 主体部分展示了最新发布的博文列表,包括博文的标题、作者、发布时间以及部分内容摘要。
> 右侧边栏包含了搜索框,让用户可以输入关键词进行博文检索。
> 底部包含了网站的版权信息和其他相关链接。
> 这个设计原型图展示了一个简洁、清晰的博客系统首页,方便用户快速浏览最新的博文内容,并且提供了搜索功能和注册/登录入口。

以上是对ChatGPT给出的方案进行了一些修改。例如,将顶部的注册登录放置到页面顶部右侧并在右侧边栏中增加几个内容,包括检索框、作者推荐、阅读排行最多的5篇博文、博客分类以及友情链接。将这些补充一下,然后就可以让它给出具体的实现代码。

ChatGPT提示词模板:

☑ 对上述博客系统首页内容稍作修改,注册登录放置到顶部右侧,然后给右侧边栏内容增加几个内容,包括检索框、作者推荐、阅读排行最多的5篇博文、博客分类以及友情链接,最后基于Bootstrap框架实现布局。

> **ChatGPT:**
>
> ```html
> <!DOCTYPE html>
> <html lang="en">
> <head>
>     <meta charset="UTF-8">
>     <meta name="viewport" content="width=device-width, initial-scale=1.0">
>     <title>博客系统首页</title>
>     <!-- 引入 Bootstrap 样式表 -->
>     <link rel="stylesheet" href="https://cdn.jsdelivr.net/npm/bootstrap@5.3.0-alpha1/dist/css/bootstrap.min.css">
>     <style>
>         /* 自定义样式可以在这里添加 */
>         .search-btn {
>             width: 100px; /* 更宽一些的按钮 */
>         }
>     </style>
> </head>
> <body>
> ```

```html
<!-- 导航栏 -->
<nav class="navbar navbar-expand-lg navbar-dark bg-dark">
    <div class="container">
        <a class="navbar-brand" href="#">Logo</a>
        <button class="navbar-toggler" type="button" data-bs-toggle="collapse" data-bs-target="#navbarNav" aria-controls="navbarNav" aria-expanded="false" aria-label="Toggle navigation">
            <span class="navbar-toggler-icon"></span>
        </button>
        <div class="collapse navbar-collapse" id="navbarNav">
            <ul class="navbar-nav">
                <li class="nav-item">
                    <a class="nav-link" href="#">首页</a>
                </li>
                <li class="nav-item">
                    <a class="nav-link" href="#">博客</a>
                </li>
                <li class="nav-item">
                    <a class="nav-link" href="#">关于</a>
                </li>
            </ul>
        </div>
        <!-- 右侧注册登录链接 -->
        <div>
            <a href="#" class="btn btn-outline-light me-2">注册</a>
            <a href="#" class="btn btn-light">登录</a>
        </div>
    </div>
</nav>

<!-- 主体部分 -->
<div class="container mt-4">
    <div class="row">
        <div class="col-md-8">
            <h1>最新博文</h1>
            <div class="card mb-3">
                <div class="card-body">
                    <h5 class="card-title">博文标题 1</h5>
                    <p class="card-text">作者：博文作者 | 发布时间：2022-02-25</p>
                    <p class="card-text">博文摘要内容...</p>
                    <a href="#" class="btn btn-primary">阅读更多</a>
                </div>
            </div>
            <!-- 其他博文条目 -->
        </div>
        <!-- 右侧边栏 -->
        <div class="col-md-4">
            <div class="card mb-3">
                <div class="card-body">
                    <h5 class="card-title">检索框</h5>
                    <form class="d-flex">
                        <input type="text" class="form-control me-2" placeholder="请输入关键词">
                        <button type="submit" class="btn btn-primary search-btn">搜索</button>
                    </form>
                </div>
```

```html
            </div>
            <div class="card mb-3">
                <div class="card-body">
                    <h5 class="card-title">作者推荐</h5>
                    <ul class="list-group">
                        <li class="list-group-item">作者 A</li>
                        <li class="list-group-item">作者 B</li>
                    </ul>
                </div>
            </div>
            <div class="card mb-3">
                <div class="card-body">
                    <h5 class="card-title">阅读排行</h5>
                    <ul class="list-group">
                        <li class="list-group-item">博文标题 1</li>
                        <li class="list-group-item">博文标题 2</li>
                    </ul>
                </div>
            </div>
            <div class="card mb-3">
                <div class="card-body">
                    <h5 class="card-title">博客分类</h5>
                    <ul class="list-group">
                        <li class="list-group-item">分类 1</li>
                        <li class="list-group-item">分类 2</li>
                    </ul>
                </div>
            </div>
            <div class="card">
                <div class="card-body">
                    <h5 class="card-title">友情链接</h5>
                    <ul class="list-group">
                        <li class="list-group-item">链接 1</li>
                        <li class="list-group-item">链接 2</li>
                        <!-- 其他链接 -->
                    </ul>
                </div>
            </div>
        </div>
    </div>
</div>

<!-- 底部 -->
<footer class="bg-dark text-white text-center py-3 fixed-bottom">
    <p>&copy; 2024 博客系统版权所有</p>
</footer>

<!-- 引入 Bootstrap JS -->
<script src="https://cdn.jsdelivr.net/npm/bootstrap@5.3.0-alpha1/dist/js/bootstrap.bundle.min.js"></script>
</body>
</html>
```

在以上代码中,ChatGPT直接给出了前端代码,在项目的templates目录下创建了一个index.html网页,然后复制粘贴上述代码保存,并将代码中的博客系统全部替换为ChatGPT博客系统。最后使用浏览器打开后的显示效果如图7-1所示。

图 7-1 博客系统首页静态显示效果

从图 7-1 所示的显示效果来看，整体的布局还是满足要求的，这也说明只要给出合适的提示词，ChatGPT 完全可以给出更优化的代码。不过，目前页面上都是静态的，博文数据以及右侧边栏里的内容都需要通过编写程序读取数据库中的数据进行动态渲染。

7.1.3 博客系统首页博文列表显示

博文列表内容来自于数据库，此时需要创建视图函数，以获取博文列表并传递给模板，然后在模板中使用 Django 引擎的 for 循环读取博文列表对象，将每篇博文的标题、作者、发布时间、部分内容和阅读数等显示在页面上。

在 blogs 应用目录的 views.py 文件中添加如下代码，首先获取博文列表，然后传递对象列表给模板 index.html。同时，实现基于 id 查询对应博文详情对象并传递给模板 blog_detail.html。

```python
from django.shortcuts import render
from .models import BlogArticle
from django.http import Http404

def index(request):
    # 获取博文数据并按发布时间先后排序
    blog_articles = BlogArticle.objects.all().order_by('-created_at')
    # 将博文数据传递给模板
    return render(request, 'index.html', {'blog_articles': blog_articles})

def get_blog_detail_by_id(request, id):
    # 根据博文id获取博文详情
    try:
        # 获取博文详情
        blog_detail = BlogArticle.objects.get(id=id)
        # 将博文数据传递给模板
        return render(request, 'blog_detail.html', {'article': blog_detail})
    except BlogArticle.DoesNotExist:
        raise Http404("博文不存在")
```

接下来，修改模板templates目录下的index.html，将博文列表代码块修改为for循环，以遍历读取视图传递过来的列表对象，然后显示博文标题、博文作者、发布时间和博文概要内容。这里的概要内容就是博文内容取前50字显示，需要使用Django模板引擎语法的过滤方法truncatechars:50；同时，因为后端提供了富文本插件提供内容，所以前端需要使用过滤，也就是使用content|safe来实现。对于阅读更多功能，则需要基于超链接方式实现，当单击阅读更多时，直接进入每个博文单独的详情页面。

以下为修改后的代码块：

```html
<div class="col-md-8">
    <h1>最新博文</h1>
    {% for article in blog_articles %}
    <div class="card mb-3">
        <div class="card-body">
            <h5 class="card-title">{{ article.title }}</h5>
            <p class="card-text">作者：{{ article.username}} | 发布时间：{{ article.created_at }}</p>
            <p class="card-text"> {{ article.content|truncatechars:50|safe }} </p>
            <a href="/blog/{{article.id}}" class="btn btn-primary">阅读更多</a>
        </div>
    </div>
    {% endfor %}
</div>
```

此时，通过修改blogs目录下的urls.py文件设置首页的访问路由，就可以在首页看到数据库中的博文列表。以下为urls.py文件的设置：

```python
from django.urls import path
from .views import index, get_blog_detail_by_id

urlpatterns = [
    path('',index,name="blog.index"),# 进入博客系统首页
    path('blog/<int:id>/', get_blog_detail_by_id, name='blog_detail'), # 进入博文详情页
]
```

保存上述代码后启动Django服务，此时在测试环境下就可以直接访问博客系统首页博文内容列表了，如图7-2所示。

图7-2 博客系统首页博文内容列表

7.1.4 博客系统首页博文分页实现

如果博文数量较多，直接放在一个页面上就会使页面越来越长，用户也不容易找到想看的博文，分页显示是常用的解决方案。

Django框架内置有分页器（Paginator），可以用于分页显示。具体思路是在视图函数中先查询到博文对象列表，然后使用分页器对博文按固定数量进行分割，这里可以设定固定数量为10，即每页显示10篇文章，然后根据前端当前页的位置，取出来分割后的10篇文章返回给模板。如果前端当前页为第一页，则返回前10篇；如果前端当前页为最后一页，则返回最后10篇。从具体思路可以看出，分页处理时需要知道博文固定数量和当前页位置这两个参数，一般博文固定数量可以直接给定，而当前页位置则需要前端传递过来。对于分页操作方法，也可以组成提示词发给ChatGPT。

ChatGPT提示词模板：

☑使用Django框架来进行博客系统的开发，如何实现前端博文列表的分页显示，请给出示例代码。

按照操作思路，首先优化首页视图函数views.py，参考如下代码：

```python
# 首页视图函数
def index(request):
    # 获取博文列表数据
    blog_articles = BlogArticle.objects.all().order_by('-created_at')
    # 加入分页处理
    # 创建分页器，每页显示10篇文章
    paginator = Paginator(blog_articles, 10)
    # 获取URL中的页码参数，如果没有，则默认为第一页
    page = request.GET.get('page')
    try:
        articles = paginator.page(page)
    except PageNotAnInteger:
        # 如果page参数不是整数，则返回第一页
        articles = paginator.page(1)
    except EmptyPage:
        # 如果page参数超出范围，则返回最后一页
        articles = paginator.page(paginator.num_pages)
    # 组织传递给模板的数据字典对象
    context={
        'blog_articles': articles
    }
    # 将博文数据传递给模板
    return render(request, 'index.html', context)
```

接下来，在首页模板index.html中添加分页显示的代码块，并且继续使用bootstrap来实现布局显示，参考如下代码：

```html
<!-- 分页处理 -->
            <nav aria-label="Page navigation">
                <ul class="pagination justify-content-center">
                    {% if blog_articles.has_previous %}
                        <li class="page-item">
                            <a class="page-link" href="?page=1" aria-label="First">
                                <span aria-hidden="true">&laquo; 第一页</span>
                            </a>
                        </li>
```

```html
                        <li class="page-item">
                            <a class="page-link" href="?page={{ blog_articles.previous_page_number }}" aria-label="Previous">
                                <span aria-hidden="true">上一页</span>
                            </a>
                        </li>
                    {% endif %}

                    <li class="page-item disabled">
                        <span class="page-link">第 {{ blog_articles.number }} 页, 共 {{ blog_articles.paginator.num_pages }} 页</span>
                    </li>

                    {% if blog_articles.has_next %}
                        <li class="page-item">
                            <a class="page-link" href="?page={{ blog_articles.next_page_number }}" aria-label="Next">
                                <span aria-hidden="true">下一页</span>
                            </a>
                        </li>
                        <li class="page-item">
                            <a class="page-link" href="?page={{ blog_articles.paginator.num_pages }}" aria-label="Last">
                                <span aria-hidden="true">最后一页 &raquo;</span>
                            </a>
                        </li>
                    {% endif %}
                </ul>
            </nav>
```

重新启动项目服务后，进入首页可以发现，分页插件已经可以正常使用了。不过由于测试博文数量少，因此可以将视图函数中的固定数量参数修改为4，也就是每页仅显示4条博文，效果如图7-3所示。

图7-3 博客系统首页博文内容分页显示

7.1.5　首页右侧边栏功能模板开发

博客系统首页右侧边栏内容相对简单，其中，作者推荐设计为发表数量最多的博文作者列表前5名；阅读排行实现方式为统计每篇博文被点击次数，从多到少排序后取前5名；博客分类即为后端划分的博客文章类型；友情链接可以直接给定一些静态友好链接地址。

本模块的视图函数比较复杂，也是实际环境中经常需要的操作处理。下面可以逐步在ChatGPT的帮助下完成上述功能需求。

对于作者推荐部分，选择获取发表数量最多的博文作者列表前5名展示。由于博文作者模型和博文模型有外键关联，因此可以使用Django模型的annotate方法来实现联合查询。如果组成提示词发给ChatGPT，就会做出同样的解答。

ChatGPT提示词模板：

☑ 使用Django框架进行博客系统的开发，如何在视图函数中查询获取发表数量最多的博文作者列表前5名。博文作者模型和博文模型有外键关联，请给出示例代码。

> **ChatGPT：**
>
> 要查询获取发表数量最多的博文作者列表前5名，你可以通过Django ORM提供的聚合函数和查询集操作来实现。假设你有一个名为Author的模型表示博文作者，有一个名为Article的模型表示博文，Article模型有一个外键关联到Author模型。
>
> 下面是一个示例代码，展示了如何在视图函数中查询获取发表数量最多的博文作者列表前5名：
>
> ```
> from django.db.models import Count
> from .models import Author
>
> def top_authors(request):
>     # 使用annotate()和Count()函数来统计每个作者的博文数量，并按博文数量倒序排序
>     top_authors = Author.objects.annotate(num_articles=Count('article')).order_by('-num_articles')[:5]
>
>     # 将查询结果传递给模板渲染
>     return render(request, 'top_authors.html', {'top_authors': top_authors})
> ```
>
> 在这个示例中，Author模型表示博文作者；Article模型表示博文。首先使用annotate()方法为每个作者添加了一个名为num_articles的属性，该属性统计了该作者的博文数量，然后按照博文数量倒序排序，并只取前5名。
>
> 在模板中，你可以遍历top_authors查询集来展示这些作者的信息。

如果想详细了解annotate()方法，可以继续将问题发给ChatGPT。

对于博文阅读排名，本案例中创建了一个博文阅读的模型，可以直接给出查询语句即可。同时，对于博客类别，也可以直接使用Django模型的查询功能实现。由于设计的右侧边栏内容获取是固定的，因此在开发中可以在视图中定义一个公用函数，专门负责处理右侧边栏数据请求，包括推荐作者、阅读排行和博客分类。接下来，就可以对blogs目录的views.py文件中的index方法进行优化补充，参考如下代码：

```
def right_sidebar_content():
    # 获取发表数量最多的博文作者列表前5名
    top_authors = BlogUser.objects.annotate(num_articles=Count('blogarticle')).order_by('-num_articles')[:5]
    # 获取阅读排行榜，统计每篇博文的点击次数，并从多到少排序取前5名
    top_articles = BlogStats.objects.all().order_by('-counts')[:5]
    # 获取博文类别
```

```python
        categories = BlogCategory.objects.all()
        return top_authors,top_articles,categories

def index(request):
    # 获取博文列表数据
    blog_articles = BlogArticle.objects.all().order_by('-created_at')
    # 右侧边栏数据
        top_authors, top_articles, categories = right_sidebar_content()    # 组织传递给模板的数据字典对象
    context={
        'blog_articles': blog_articles,
        'top_authors': top_authors,
        'top_articles':top_articles,
        'categories':article_category
    }
    # 将博文数据传递给模板
    return render(request, 'index.html', context)
```

然后根据视图函数修改模板index.html，主要修改右侧边栏区域代码。从实际应用角度考虑，由于右侧边栏的作者推荐、博文阅读排行和博客分类都需要有跳转链接功能，因此在修改代码时就添加了超链接，具体的跳转方式实现方法后续再补充。现在改动后的代码如下：

```html
<!-- 右侧边栏 -->
        <div class="col-md-4">
            <div class="card mb-3">
                <div class="card-body">
                    <h5 class="card-title">检索框</h5>
                    <form class="d-flex">
                        <input type="text" class="form-control me-2" placeholder="请输入关键词">
                        <button type="submit" class="btn btn-primary search-btn">搜索</button>
                    </form>
                </div>
            </div>
            <div class="card mb-3">
                <div class="card-body">
                    <h5 class="card-title">作者推荐</h5>
                    <ul class="list-group">
                        {% for author in top_authors %}
                        <li class="list-group-item"><a href="">{{author.username}}</a></li>
                        {% endfor %}
                    </ul>
                </div>
            </div>
            <div class="card mb-3">
                <div class="card-body">
                    <h5 class="card-title">阅读排行</h5>
                    <ul class="list-group">
                      {% for article in top_articles %}
                        <li class="list-group-item"><a href="">{{article.blog}}</a></li>
                        {% endfor %}
                    </ul>
                </div>
            </div>
            <div class="card mb-3">
```

```html
                    <div class="card-body">
                        <h5 class="card-title">博客分类</h5>
                        <ul class="list-group">
                            {% for category in categories %}
                            <li class="list-group-item"><a href="">{{category.name}}</a></li>
                            {% endfor %}
                        </ul>
                    </div>
                </div>
                <div class="card">
                    <div class="card-body">
                        <h5 class="card-title">友情链接</h5>
                        <ul class="list-group">
                            <li class="list-group-item">OpenAI</li>
                            <li class="list-group-item">稻谷编程</li>
                        </ul>
                    </div>
                </div>
```

保存后重新启动服务，博客系统首页优化效果如图7-4所示。

图7-4 博客系统首页优化效果

制作视图基础模板。为了保持整体布局风格一致，所有页面保持顶部、底部和右侧边栏内容不变，只需将中部内容替换成自己的内容即可。下面使用Django引擎的block继承模板语法，先创建一个前端模板base_template.html，然后将中部主体内容定义为block，最后直接替换中部主体内容即可，参考如下代码：

```html
<!DOCTYPE html>
<html lang="en">
<head>
```

```html
        <meta charset="UTF-8">
        <meta name="viewport" content="width=device-width, initial-scale=1.0">
        <title>ChatGPT博客系统</title>
        <!-- 引入 Bootstrap 样式表 -->
        <link rel="stylesheet" href="https://cdn.jsdelivr.net/npm/bootstrap@5.3.0-alpha1/dist/css/bootstrap.min.css">
        <style>
            /* 自定义样式可以在这里添加 */
            .search-btn {
                width: 100px; /* 更宽一些的按钮 */
            }
            a{text-decoration: none;color:#222}
        </style>
    </head>
    <body>
        <!-- 导航栏 -->
        <nav class="navbar navbar-expand-lg navbar-dark bg-dark">
            <div class="container">
                <a class="navbar-brand" href="#">Logo</a>
                <button class="navbar-toggler" type="button" data-bs-toggle="collapse" data-bs-target="#navbarNav" aria-controls="navbarNav" aria-expanded="false" aria-label="Toggle navigation">
                    <span class="navbar-toggler-icon"></span>
                </button>
                <div class="collapse navbar-collapse" id="navbarNav">
                    <ul class="navbar-nav">
                        <li class="nav-item">
                            <a class="nav-link" href="#">首页</a>
                        </li>
                        <li class="nav-item">
                            <a class="nav-link" href="#">博客</a>
                        </li>
                        <li class="nav-item">
                            <a class="nav-link" href="#">关于</a>
                        </li>
                    </ul>
                </div>
                <!-- 右侧注册登录链接 -->
                <div>
                    <a href="#" class="btn btn-outline-light me-2">注册</a>
                    <a href="#" class="btn btn-light">登录</a>
                </div>
            </div>
        </nav>
<!-- 中下部内容区 -->
    <div class="container mt-4">
        <div class="row">
{% block main %}
<!-- 博文内容区 -->
            <div class="col-md-8">
            </div>
{% endblock %}
<!-- 右侧边栏及底部block -->
            <div class="col-md-4">
                <div class="card mb-3">
```

```html
                    <div class="card-body">
                        <h5 class="card-title">检索框</h5>
                        <form class="d-flex">
                            <input type="text" class="form-control me-2" placeholder="请输入关键词">
                            <button type="submit" class="btn btn-primary search-btn">搜索</button>
                        </form>
                    </div>
                </div>
                <div class="card mb-3">
                    <div class="card-body">
                        <h5 class="card-title">作者推荐</h5>
                        <ul class="list-group">
                            {% for author in top_authors %}
                            <li class="list-group-item"><a href="">{{author.username}}</a></li>
                            {% endfor %}
                        </ul>
                    </div>
                </div>
                <div class="card mb-3">
                    <div class="card-body">
                        <h5 class="card-title">阅读排行</h5>
                        <ul class="list-group">
                            {% for article in top_articles %}
                            <li class="list-group-item"><a href="">{{article.blog}}</a></li>
                            {% endfor %}
                        </ul>
                    </div>
                </div>
                <div class="card mb-3">
                    <div class="card-body">
                        <h5 class="card-title">博客分类</h5>
                        <ul class="list-group">
                            {% for category in categories %}
                            <li class="list-group-item"><a href="">{{category.name}}</a></li>
                            {% endfor %}
                        </ul>
                    </div>
                </div>
                <div class="card">
                    <div class="card-body">
                        <h5 class="card-title">友情链接</h5>
                        <ul class="list-group">
                            <li class="list-group-item">OpenAI</li>
                            <li class="list-group-item">稻谷编程</li>
                        </ul>
                    </div>
                </div>
            </div>
        </div>
    </div>

    <!-- 底部 -->
```

```html
        <footer class="bg-dark text-white text-center py-3 fixed-bottom">
            <p>&copy; 2024 ChatGPT博客系统版权所有</p>
        </footer>

        <!-- 引入 Bootstrap JS -->
        <script src="https://cdn.jsdelivr.net/npm/bootstrap@5.3.0-alpha1/dist/js/bootstrap.bundle.min.js"></script>
</body>
</html>
```

这样首页index.html直接使用继承的方法将博文列表显示代码添加进去即可，后续其他页面都可以只修改block main中的内容。参考如下代码：

```html
{% extends "base_template.html" %}   # 继承模板
{% block main %}
<!-- 博文内容区 -->
            <div class="col-md-8">
                <h1>最新博文</h1>
                {% for article in blog_articles %}
                <div class="card mb-3">
                    <div class="card-body">
                        <h5 class="card-title">{{ article.title }}</h5>
                        <p class="card-text">作者：{{ article.username }} | 发布时间：{{ article.created_at }}</p>
                        <p class="card-text">{{ article.content|truncatechars:50|safe }}</p>
                        <a href="/blog/{{article.id}}" class="btn btn-primary">阅读更多</a>
                    </div>
                </div>
                {% endfor %}
                <!-- 分页处理 -->
                <nav aria-label="Page navigation">
                    <ul class="pagination justify-content-center">
                        {% if blog_articles.has_previous %}
                            <li class="page-item">
                                <a class="page-link" href="?page=1" aria-label="First">
                                    <span aria-hidden="true">&laquo; 第一页</span>
                                </a>
                            </li>
                            <li class="page-item">
                                <a class="page-link" href="?page={{ blog_articles.previous_page_number }}" aria-label="Previous">
                                    <span aria-hidden="true">上一页</span>
                                </a>
                            </li>
                        {% endif %}

                        <li class="page-item disabled">
                            <span class="page-link">第{{blog_articles.number}}页，共 {{ blog_articles.paginator.num_pages }} 页</span>
                        </li>

                        {% if blog_articles.has_next %}
                            <li class="page-item">
                                <a class="page-link" href="?page={{ blog_articles.next_page_number }}" aria-label="Next">
                                    <span aria-hidden="true">下一页</span>
```

```html
                                </a>
                            </li>
                            <li class="page-item">
                                <a class="page-link" href="?page={{ blog_articles.paginator.num_pages }}" aria-label="Last">
                                    <span aria-hidden="true">最后一页 &raquo;</span>
                                </a>
                            </li>
                        {% endif %}
                    </ul>
                </nav>
            </div>
{% endblock %}
```

项目结构参考如下：
```
gptblog/
├── gptblog/
├── users/
├── blogs/
│   ├── __init__.py
│   ├── admin.py
│   ├── apps.py
│   ├── models.py
│   ├── tests.py
│   ├── migrations
│   │   ├── __init__.py
├── templates/
│   ├── base_template.html
│   ├── index.html
├── static/
│   ├── css
│   ├── img
│   ├── js
└── manage.py
```

7.1.6 博客系统首页检索功能实现

前面章节在博客首页右侧边栏上部设置了检索框，这里需要限定一下仅对博文进行检索。当输入关键词时，单击"搜索"按钮提交关键词，后端视图函数接收该关键词，然后在所有博文中进行模糊匹配查询，并将查询结果列表反馈给前端视图模板，最后将思路组成提示词发给ChatGPT，并要求给出示例代码。

ChatGPT提示词模板：

☑ 使用Django框架进行博客系统的开发，如何在博文首页实现关键词检索，请给出示例代码。

首先，在后端视图函数views.py文件中编写一个函数处理检索请求，因为有右侧边栏数据显示需求，所以还需要加入设定数据获取函数search_blog_posts。参考如下代码：

```python
def search_blog_posts(request):
    # 处理检索请求函数
    if request.method == 'POST':
        keyword = request.POST.get('keyword', '')
        if keyword:
            # 在所有博文中进行标题和内容的模糊匹配查询
            search_results = BlogArticle.objects.filter(title__icontains=keyword) | BlogArticle.objects.filter(content__icontains=keyword)
        else:
            search_results = None
        # 右侧边栏数据
        top_authors, top_articles, categories = right_sidebar_content()
        # 组织传递给模板的数据字典对象
        context = {
            'keyword':keyword,
            'search_results': search_results,
            'top_authors': top_authors,
            'top_articles': top_articles,
            'categories': categories
        }
        return render(request, 'search_results.html', context)
    else:
        return Http404("不存在")
```

然后，需要创建一个检索输出结果模板search_results.html，用于显示检索结果。参考如下代码：

```html
{% extends "base_template.html" %}
{% block main %}
<!-- 添加检索结果显示代码 -->
        <div class="col-md-8">
            {% if search_results %}
                <h3>基于 <span style="color:#f30">{{keyword}}</span> 检索结果:</h3>
                {% for article in search_results %}
                <div class="card mb-3">
                    <div class="card-body">
                        <h5 class="card-title">{{ article.title }}</h5>
                        <p class="card-text">作者: {{ article.username }} | 发布时间: {{ article.created_at }}</p>
                        <p class="card-text">{{ article.content|truncatechars:50|safe }}</p>
                        <a href="/blog/{{article.id}}" class="btn btn-primary">阅读更多</a>
                    </div>
                </div>
                {% endfor %}
            {% else %}
                <p>未找到与 "{{ keyword }}" 相关的博文。</p>
            {% endif %}
        </div>
{% endblock %}
```

完成视图模板后，可以设置路由urls。在blogs目录下编辑urls.py文件，给定检索路由路径。需要注意的是，这个路由也是右侧边栏检索表单请求post的地址。先配置urls.py文件，参考如下代码：

```python
from django.urls import path
```

```python
from .views import index, search_blog_posts

urlpatterns = [
    path('',index,name="blog.index"),                              # 进入博客系统首页
    path('search/', search_blog_posts, name='search_blog_posts'),  # 检索路由配置
]
```

然后回到base_template.html中修改右侧边栏检索区域的代码：

```html
<div class="card mb-3">
        <div class="card-body">
            <h5 class="card-title">检索框</h5>
            <form class="d-flex" method="post" action="/search/">
                {% csrf_token %}
                <input type="text" name="keyword" class="form-control me-2" placeholder="请输入关键词">
                <button type="submit" class="btn btn-primary search-btn">搜索</button>
            </form>
        </div>
</div>
```

在以上代码中，提交为post请求，注意：在Django中需要在表单提交前端页面使用{% csrf_token %}，这是Django保障的安全措施之一。

保存上述文件，然后启动服务进行测试，检索功能正常，可以得到正确的匹配结果，显示列表在中部主体区，如图7-5所示。

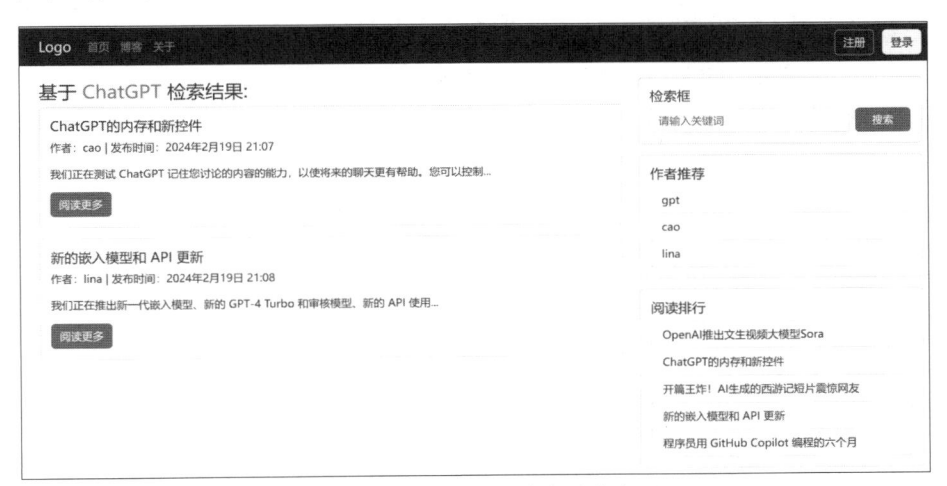

图7-5　前端博客系统检索功能实现

7.2　前端博文详情页面开发

登录博客首页，用户可以看到现有的博文列表，但还需要查看完整的博文页面。也就是说，还需要设计博文详情页面，同时在博文底部还需要添加留言评论表单区域，以与最开始的功能设计匹配。

7.2.1 任务需求

博文详情功能用例描述见表7-2。

表 7-2 博文详情功能用例描述

用例名称	用户访问博文详情页面
主要参与者	用户
前置条件	用户已登录且博文存在
后置条件	显示博文详情页面
主要流程	1. 用户打开网站首页 2. 用户点击博文标题或相关链接进入博文详情页面 3. 前端发送博文详情请求到后端 4. 后端根据博文 ID 获取博文详情及相关信息 5. 后端查询博文的阅读统计数据 6. 后端获取右侧边栏内容 7. 后端查询博文的评论列表 8. 后端返回博文详情数据、阅读统计、右侧边栏内容和评论列表到前端 9. 前端显示博文详情页面
备选流程	1. 如果博文不存在，系统返回 404 Not Found 错误页面 2. 如果用户未登录，系统可能跳转至登录页面或显示有限内容 3. 如果相关数据获取失败，系统可能显示默认数据或给予提示

基于上述用例需求，博文详情功能时序图如图7-6所示。

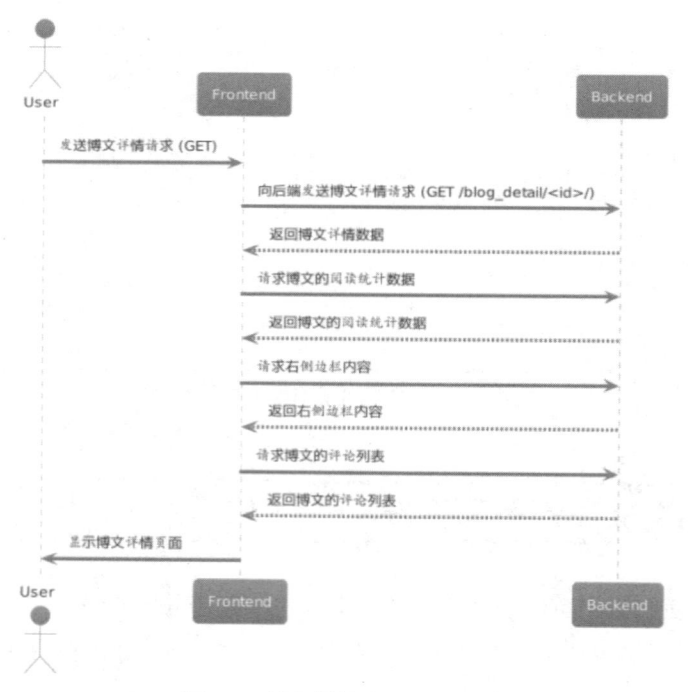

图 7-6 博文详情功能时序图

7.2.2 博文详情视图函数编写

为保证整体风格统一，博文详情可以保留与首页一样的样式，即把主体部分（最新博文列表区域）替换成博文详情区，所以在视图函数中将对应的博文查询出来即可。此时在视图函数views.py中添加如下代码：

```python
from django.db.models import Count
from django.http import Http404
from django.shortcuts import render
from .models import BlogArticle, BlogCategory, BlogStats
from users.models import BlogUser

def get_blog_detail_by_id(request, id):
    # 根据博文id获取博文详情
    try:
        # 博文详情
        blog_detail = BlogArticle.objects.get(id=id)
        # 查询该博文的阅读数
        blog_counts = BlogStats.objects.filter(blog=blog_detail).first()
        # 如果找到了对应的阅读统计对象，则获取阅读数
        if blog_counts:
            views_count = blog_counts.counts
        else:
            views_count = 0          # 如果没有找到对应的阅读统计对象，则默认阅读数为0
        # 右侧边栏数据
        top_authors, top_articles, categories = right_sidebar_content()
        # 组织传递给模板的数据字典对象
        context = {
            'article': blog_detail,
            'article_counts': views_count,
            'top_authors': top_authors,
            'top_articles': top_articles,
            'categories': categories
        }
        # 将博文数据传递给模板
        return render(request, 'blog_detail.html', context)
    except BlogArticle.DoesNotExist:
        raise Http404("博文不存在")
```

以上代码在博文详情视图函数中添加了查询指定博文的阅读数量，显示在博文下部，反映出博文的受关注程度。也可以将打开一次博文就计算一次阅读，这样系统可以自动统计出该博文的阅读数。因此，在上述代码中再进行优化，对阅读数进行存储：

```python
def get_blog_detail_by_id(request, id):
    # 根据博文id获取博文详情
    try:
        # 博文详情
        blog_detail = BlogArticle.objects.get(id=id)
        # 查询该博文的阅读统计对象
        blog_counts = BlogStats.objects.filter(blog=blog_detail).first()
        # 如果找到了对应的阅读统计对象，则获取阅读数
```

```python
        if blog_counts:
            views_count = blog_counts.counts
        else:
            views_count = 0   # 如果没有找到对应的阅读统计对象，则默认阅读数为0
        # 添加一次阅读数
        blog_counts.counts=views_count+1
        # 更新该博文的阅读数
        blog_counts.save()
        # 右侧边栏数据
        top_authors, top_articles, categories = right_sidebar_content()
        # 查询该博文的评论列表
        blog_comments=BlogComment.objects.filter(blog=blog_detail)
        # 组织传递给模板的数据字典对象
        context = {
            'article': blog_detail,
            'article_counts': views_count,
            'top_authors': top_authors,
            'top_articles': top_articles,
            'categories': categories,
            'comments':blog_comments
        }
        # 将博文数据传递给模板
        return render(request, 'blog_detail.html', context)
    except BlogArticle.DoesNotExist:
        raise Http404("博文不存在")
```

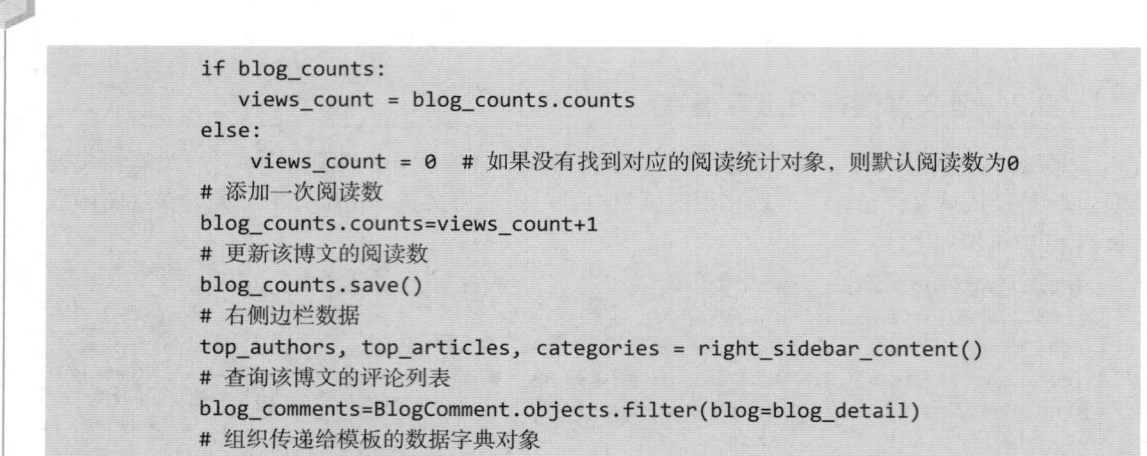

7.2.3 博文详情模板显示优化

在templates目录中创建一个blog_detail.html模板文件。为统一风格，布局样式保持与首页完全一致，继续采用继承模板的方式。以下仅显示修改后的参考代码：

```html
# 博文详情页面代码
{% extends "base_template.html" %}
{% block main %}
<!-- 博文内容区 -->
        <div class="col-md-8">
            <!--博客详情块-->
                <div class="card mb-3">
                    <div class="card-body">
                        <h3 class="card-title">{{ article.title }}</h3>
                        <p class="card-text">作者：{{ article.username }} | 发布时间：{{ article.created_at }}</p>
                        <p class="card-text">{{ article.content|safe}}</p>
                        <p class="card-text text-right">阅读数：{{article_counts}} 次</p>
                    </div>
                </div>
        </div>
{% endblock %}
```

保存后再单击博客首页中每个博文的阅读链接，就可以进入该博文的详情页面，同时显示了博文当前阅读数量，如图7-7所示。

图 7-7 博客系统后端博文详情页显示

7.3 前端用户注册登录开发

前述所有前端博客列表和检索等功能是对浏览者免费使用的，也就是不涉及用户认证。本案例设定用户在注册登录后可以发布博文、对自己的博文内容进行操作处理，以及点评别人的博文。因此，首先完成用户注册和登录功能的实现。

为了使页面更简洁，这里不单独使用模板来显示注册和登录页，而使用Bootstrap框架的模态框Modal技术。读者可以使用如下提示词了解模态框的使用方法和示例。

ChatGPT提示词模板：
☑请详细解释一下Bootstrap框架的模态框Modal技术，并给出示例。

7.3.1 任务需求

博客系统需要用户进行注册和登录，注册过程中提供必要的信息并提交系统，注册成功后就可以登录系统。整个过程的用例描述见表7-3和表7-4。

表 7-3 博客系统用户注册用例描述

用例名称	用户注册博客系统账户
主要参与者	用户
前置条件	用户访问博客系统首页
后置条件	用户成功注册并登录博客系统
主要流程	1. 用户点击登录/注册链接
	2. 用户选择注册账户选项

用例名称	用户注册博客系统账户
主要流程	3. 用户输入注册信息，包括用户名和密码等
	4. 用户单击"注册"按钮
	5. 系统验证用户输入信息，并创建新账户
	6. 系统自动登录新注册的账户
备选流程	1. 如果用户的输入信息不符合要求，系统可能提示错误信息或要求重新输入
	2. 如果用户名已被注册，系统可能提示用户选择其他用户名
	3. 用户可以选择取消注册，返回到首页

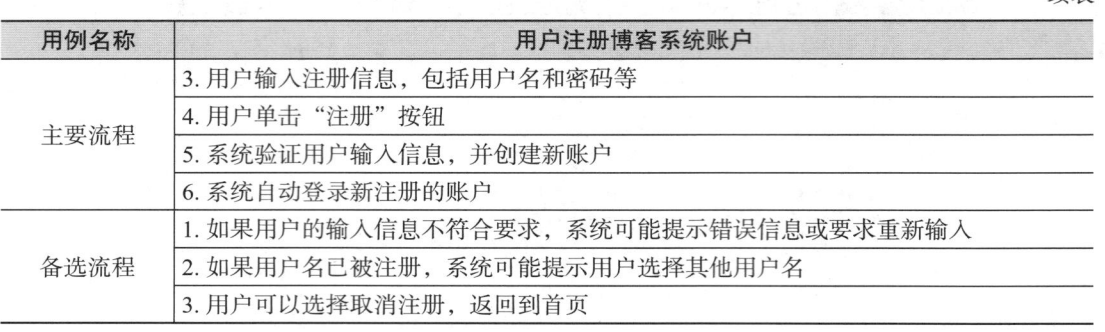

表 7-4 用户登录功能用例描述

用例名称	用户登录博客系统账户
主要参与者	用户
前置条件	用户访问博客系统首页
后置条件	用户成功登录博客系统
主要流程	1. 用户单击登录/注册链接
	2. 用户选择登录选项
	3. 用户输入登录信息，包括用户名和密码
	4. 用户单击"登录"按钮
	5. 系统验证用户输入信息，并进行身份验证
	6. 系统登录用户，显示用户相关信息
备选流程	1. 如果用户输入信息不符合要求，系统可能提示错误信息或要求重新输入
	2. 如果用户名或密码错误，系统可能提示用户重新输入

7.3.2 前端模板用户注册登录模态框实现

单击注册和登录按钮，直接在当前窗口浮动一个窗口完成处理功能，也就是将注册和登录代码整体嵌入到首页 index.html 模板中。下面重点介绍修改 base_template.html 文件中有关用户注册和登录的实现部分。将顶部注册登录链接修改如下：

```
<!-- 右侧注册登录链接 -->
  <div>
      <a class="btn btn-outline-light me-2" data-bs-toggle="modal" data-bs-target="#regModal">注册</a>
      <a class="btn btn-light" data-bs-toggle="modal" data-bs-target="#logModal">登录</a>
  </div>
```

然后在底部 `<footer>` 内容之后加入模态框代码部分：

```
<!-- 增加用户注册登录模态框代码 -->
  <!-- 注册模态框 -->
<div class="modal fade" id="regModal" tabindex="-1" aria-labelledby="exampleModalLabel" aria-hidden="true">
  <div class="modal-dialog">
    <div class="modal-content">
      <div class="modal-header">
```

```html
            <h5 class="modal-title" id="exampleModalLabel">用户注册</h5>
            <button type="button" class="btn-close" data-bs-dismiss="modal" aria-label="Close"></button>
          </div>
          <div class="modal-body">
              <!-- 注册表单 -->
            <div class="mb-3">
              <label for="registerUsername" class="form-label">用户名</label>
              <input type="text" class="form-control" id="registerUsername" required>
            </div>
            <div class="mb-3">
              <label for="registerPassword" class="form-label">密码</label>
              <input type="password" class="form-control" id="registerPassword" required>
            </div>
            <div class="mb-3">
              <label for="registerPhone" class="form-label">手机号</label>
              <input type="number" class="form-control" id="registerPhone" required>
            </div>
              <div class="mb-3 text-center">
                <button id="reg" class="btn btn-primary">注册</button>
                  <button type="button" class="btn btn-secondary" data-bs-dismiss="modal">关闭</button>
              </div>
          </div>
        </div>
      </div>
    </div>
        <!-- 登录模态框 -->
    <div class="modal fade" id="logModal" tabindex="-1" aria-labelledby="exampleModalLabel" aria-hidden="true">
      <div class="modal-dialog">
        <div class="modal-content">
          <div class="modal-header">
            <h5 class="modal-title" id="logModalLabel">用户登录</h5>
            <button type="button" class="btn-close" data-bs-dismiss="modal" aria-label="Close"></button>
          </div>
          <div class="modal-body">
              <!-- 登录表单 -->
            <div class="mb-3">
              <label for="logUsername" class="form-label">用户名</label>
              <input type="text" class="form-control" id="logUsername" required>
            </div>
            <div class="mb-3">
              <label for="logPassword" class="form-label">密码</label>
              <input type="password" class="form-control" id="logPassword" required>
            </div>
              <div class="mb-3 text-center">
                <button id="login" class="btn btn-primary">登录</button>
                <button type="button" class="btn btn-secondary" data-bs-dismiss= "modal">关闭</button>
              </div>
          </div>
        </div>
      </div>
    </div>
```

最后使用jquery框架的Ajax技术实现注册和登录：

```html
<script src="https://cdn.staticfile.org/jquery/2.1.1/jquery.min.js"></script>
<script>
<!-- 注册实现-->
    $('#reg').click(function(){
        var params={};
        params.username = $('#registerUsername').val();
        params.password = $('#registerPassword').val();
        params.phone = $('#registerPhone').val();
        $.post("user/reg/",params,function(res){
            if(res.code==1){
            alert("欢迎注册ChatGPT博客系统!");
            location.href="/";
            }else{
            alert("注册失败!");
            history.back(-1);
            }
        })
    })
<!-- 登录实现-->
    $('#login').click(function(){
        var params={};
        params.username = $('#logUsername').val();
        params.password = $('#logPassword').val();
        $.post("user/login/",params,function(res){
            if(res.code==1){
            alert("欢迎登录ChatGPT博客系统!");
            location.href="/";
            }else{
            alert("登录失败!");
             location.href="/";
            }
        })
    })
</script>
```

保存文件后，启动服务预览效果，如图7-8和图7-9所示。

图7-8　博客前端用户注册模态框

图7-9　博客前端用户登录模态框

7.3.3　后端注册登录视图处理

根据前端提交的请求路径，可以先在视图函数中定义处理注册和登录请求的函数，读者可以使用以下提示词获得注册登录视图函数开发示例。

ChatGPT提示词模板：

☑ 如何处理前端提交的这些POST请求，并进行注册和登录的逻辑处理，请给出示例代码。

参考如下代码：

```python
# 处理用户注册
@csrf_exempt
def user_register(request):
    if request.method == 'POST':
        username = request.POST.get('username')
        password = request.POST.get('password')
        phone = request.POST.get('phone')
        if username and password and phone:
            try:
                user = BlogUser.objects.create_user(username=username, password=password, phone_number=phone)
                return JsonResponse({'message': 'User registered successfully', 'code':1})
            except Exception as e:
                return JsonResponse({'error': str(e),'code':-1})
        else:
            return JsonResponse({'error': 'Username and password are required', 'code':-1})
    else:
        return JsonResponse({'error': 'Only POST requests are allowed','code':0})

# 处理用户登录
@csrf_exempt
def user_login(request):
    if request.method == 'POST':
        username = request.POST.get('username')
        password = request.POST.get('password')
        user = authenticate(username=username, password=password)
        if user is not None:
            return JsonResponse({'message': 'Login successful','code':1})
```

```
        else:
            return JsonResponse({'error': 'Invalid username or password', 'code':-1})
    else:
        return JsonResponse({'error': 'Only POST requests are allowed','code':0})
```

然后修改后端用户注册登录路由配置,回到users目录下的urls.py文件,定义两个url路由。参考如下代码:

```
from django.urls import path
from .views import user_center, user_register, user_login
urlpatterns = [
    path('register/', user_register, name='user_register'),
    path('login/', user_login, name='user_login'),
]
```

至此,后端就准备好了,接下来就可以在前端模态框中进行用户注册和登录测试。

7.3.4 博客系统保存用户会话

当用户登录成功后,就可以进行有关用户部分的操作了,如用户发布博客和用户评论博文等。如何在前端网页中加入用户是否存在的判断呢?常用的方法就是使用会话session技术,将用户信息保存到session中。读者可以使用如下提示词模板得到正确示例。

ChatGPT提示词模板:

☑ 如何在前端网页上加入用户是否存在的判断呢?常用的方法就是使用会话session技术,将用户信息保存到session中。那在Django中如何来实现?

ChatGPT:

在视图函数中设置会话:在用户登录成功或者其他需要存储用户信息的地方,您可以通过Django的request.session对象来设置会话信息。例如:

```
def login(request):
    if request.method == 'POST':
        username = request.POST.get('username')
        password = request.POST.get('password')
        # 在这里进行用户身份验证逻辑,验证成功后
        request.session['username'] = username  # 存储用户名到会话中
        # 其他逻辑
```

在模板中使用会话信息:您可以在Django模板中使用模板语言来访问会话中存储的信息。例如:

```
{% if request.session.username %}
    <p>欢迎回来, {{ request.session.username }}! </p>
{% else %}
    <p>请先登录! </p>
{% endif %}
```

参考ChatGPT给出的示例,直接在视图函数中添加request.session['username'] = username即可。此时,视图函数中有关登录部分的代码修改如下:

```
@csrf_exempt
def user_login(request):
    if request.method == 'POST':
        username = request.POST.get('username')
        password = request.POST.get('password')
        user = authenticate(username=username, password=password)
        if user:
            request.session['username']=username       # 增加session会话
            return JsonResponse({'message': 'Login successful','code':1})
```

```
        else:
            return JsonResponse({'error': 'Invalid username or password', 'code':-1})
    else:
        return JsonResponse({'error': 'Only POST requests are allowed'}, status=405)
```

7.3.5 博客系统前端用户退出开发

如果用户登录成功,用户注册和登录区则需要修改为用户个人中心和退出。用户中心可以显示当前登录用户信息并提供链接跳转到用户个人中心页面,退出则是让当前登录用户退出系统。因此还需要对base_template.html的顶部区域稍加修改,使用Django引擎的if语法完成这个设计,当用户未登录时,顶部区域显示用户注册和登录内容,当用户登录后,则顶部区域显示欢迎用户、用户中心和退出内容。这里对用户中心的路由也进行了设置(/user/center)。参考如下代码:

```
<!-- 右侧注册登录链接 -->
<div>
{% if request.session.username %}
 <a class="btn btn-outline-light me-2" href="/user/center/{{request.session.username}}">欢迎{{request.session.username}},去用户中心</a>
 <a class="btn btn-light" id="logout">退出</a>
{% else %}
        <a class="btn btn-outline-light me-2" data-bs-toggle="modal" data-bs-target="#regModal">注册</a>
        <a class="btn btn-light" data-bs-toggle="modal" data-bs-target="#logModal">登录</a>
   {% endif %}
</div>
```

然后对退出功能需要使用Ajax方式来提交,在底部的用户注册和登录处理脚本之后增加退出实现代码。参考如下代码:

```
<!-- 退出实现-->
    $('#logout').click(function(){
       var params={};
       params.username = $(this).data('user');
       var choice=confirm("确认退出?");
       if(choice){
           $.post("/user/logout/",params,function(res){
               if(res.code==1){
                   alert("退出成功!");
                   location.href="/";
               }
           })
       }
    })
```

前端开发完成后,就需要根据Ajax设计的提交路由,去编写视图函数和路由配置。视图函数中的基本思路是当前端请求退出后,直接使用Django自带的logout函数实现session信息清除,并返回code为1。参考如下代码:

```
# 注销登录
@csrf_exempt
def user_logout(request):
    if request.method == 'POST':
        # 使用logout()函数注销用户并清除session中的相关信息
```

```
            logout(request)
            # 重定向到某个页面，如回到首页
            return JsonResponse({'message': 'Logout successful','code':1})
```

在users的urls.py路由配置文件中增加一行对logout退出的配置：

```
from django.urls import path
from .views import user_center, user_register, user_login, user_logout

urlpatterns = [
    path('reg/', user_register, name='user_register'),
    path('login/', user_login, name='user_login'),
    path('logout/', user_logout, name='user_logout'),   # 处理用户退出
]
```

至此，用户退出登录的视图和路由等均处理完成了，下面可以保存后启动服务进行测试，效果如图7-10~图7-13所示。

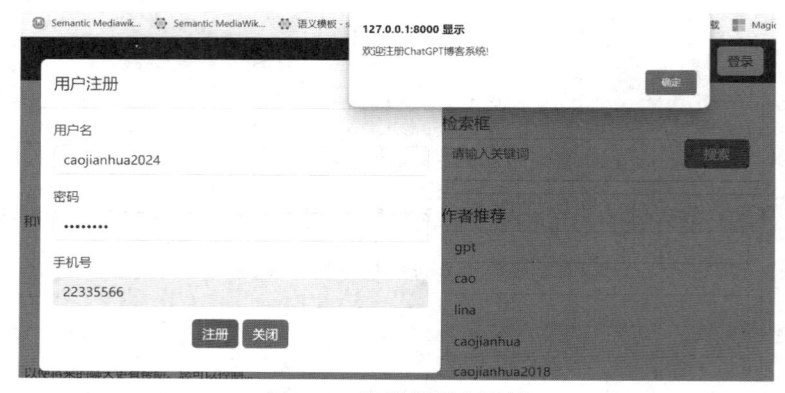

图 7-10　注册新用户示例

图 7-11　用户登录测试示例

图 7-12　用户登录成功示例

图 7-13　用户退出成功示例

7.4 前端用户个人中心开发

用户登录成功后，可以进入用户中心。如果设想UI布局是保持整个布局与首页一致，中部主体内容替换为当前作者所发布的博文列表，则可以同时添加发布博文、对当前博文修改和删除的操作功能。

扫一扫，看视频

7.4.1 任务需求

用户个人中心页面主要用于登录会员浏览自己的博文记录、发布新博文、修改博文以及删除博文，同时还可以对博文进行点评。基于这些功能需求，形成以下用例描述，见表7-5。

表 7-5　用户个人中心页面用例描述

用例名称	用户访问用户中心页面
主要参与者	登录成功的用户
前置条件	用户已成功登录并进入用户中心页面
后置条件	用户完成相关操作，系统显示相应结果
主要流程	1. 用户浏览用户中心页面
	2. 用户查看主体内容区，显示当前用户发布的博文列表
	3. 用户选择发布新博文
	4. 用户选择修改已发布的博文
	5. 用户选择删除博文
	6. 用户对别人的博文进行点评
备选流程	如果用户未登录，系统可能跳转至登录页面或显示登录提示

7.4.2 用户个人中心 UI 设计

在用户个人中心页面中，主要在模板的中部主体内容区修改标题，增加发布博文按钮，然后在每个博文列表右下方增加修改博文和删除博文按钮。下面可以直接将这个需求整理成提示词交给ChatGPT，获取优化的代码。

ChatGPT提示词模板：

☑请在上述代码中的h1标题右侧添加一个发布博文的按钮，然后在阅读更多按钮那一行的右侧添加修改博文和删除博文的按钮。

在templates目录下创建一个user_center.html模板文件，然后输入UI代码。参考如下代码：

```
{% extends "base_template.html" %}
{% block main %}
<!-- 博文内容区 -->
            <div class="col-md-8">
                <h1 class="d-inline">我的博文</h1>
                <!-- 发布博文按钮 -->
                <a data-bs-toggle="modal" data-bs-target="#newBlogModal"class="btn btn-primary ml-2 float-end">撰写新博文</a>
                {% for article in blog_articles %}
                <div class="card mb-3">
                    <div class="card-body">
                        <h5 class="card-title">{{ article.title }}</h5>
                        <p class="card-text">作者：{{ article.username }} | 发布时间：{{ article.created_at }}</p>
                        <p class="card-text">{{ article.content|truncatechars:50|safe }}</p>
                        <a href="/blog/{{ article.id }}" class="btn btn-primary mr-2">阅读更多</a>
                        <!-- 修改博文按钮 -->
                        <a data-bs-toggle="modal" data-bs-target="#modifyBlogModal" class="btn btn-success mr-2">修改博文</a>
                        <!-- 删除博文按钮 -->
                        <a id="delBlog" data-id="{{article.id}}" class="btn btn-danger float-end">删除博文</a>
                    </div>
                </div>
                {% endfor %}
                <!-- 分页处理 -->
                <nav aria-label="Page navigation">
                    <ul class="pagination justify-content-center">
                        {% if blog_articles.has_previous %}
                            <li class="page-item">
                                <a class="page-link" href="?page=1" aria-label="First">
                                    <span aria-hidden="true">&laquo; 第一页</span>
                                </a>
                            </li>
                            <li class="page-item">
                                <a class="page-link" href="?page={{ blog_articles.previous_page_number }}" aria-label="Previous">
                                    <span aria-hidden="true">上一页</span>
                                </a>
                            </li>
                        {% endif %}

                        <li class="page-item disabled">
                            <span class="page-link">第 {{ blog_articles.number }} 页，共 {{ blog_articles.paginator.num_pages }} 页</span>
                        </li>

                        {% if blog_articles.has_next %}
                            <li class="page-item">
                                <a class="page-link" href="?page={{ blog_articles.next_page_number }}" aria-label="Next">
                                    <span aria-hidden="true">下一页</span>
                                </a>
                            </li>
                            <li class="page-item">
```

```html
                            <a class="page-link" href="?page={{ blog_articles.paginator.num_pages }}" aria-label="Last">
                                <span aria-hidden="true">最后一页 &raquo;</span>
                            </a>
                        </li>
                    {% endif %}
                </ul>
            </nav>
        </div>
{% endblock %}
```

在以上代码中，使用Bootstrap的模态框设计实现了发布新博文和修改博文，删除博文使用jquery的Ajax请求来实现。这些功能放在后续章节实现。此时直接预览还不能得到正确结果，需要在修改视图后才能处理。

7.4.3 用户个人中心博文列表实现

基于前端的设计，在users目录中的视图函数views.py中添加用户中心专用的函数，主要用于获取当前用户发表的博文列表，参考如下代码：

```python
def user_center(request,username):
    # 先判断用户是否登录
    if username:
        # 查询该作者所有的博文列表
        blog_articles = BlogArticle.objects.filter(username__username=username).order_by('-created_at')
        # 加入分页处理
        # 创建分页器，每页显示10篇文章
        paginator = Paginator(blog_articles, 4)
        # 获取URL中的页码参数，如果没有，则默认为第一页
        page = request.GET.get('page')
        try:
            articles = paginator.page(page)
        except PageNotAnInteger:
            # 如果page参数不是整数，则返回第一页
            articles = paginator.page(1)
        except EmptyPage:
            # 如果page参数超出范围，则返回最后一页
            articles = paginator.page(paginator.num_pages)
    # 右侧边栏数据
    top_authors, top_articles, categories = right_sidebar_content()
    # 组织传递给模板的数据字典对象
    context = {
        'blog_articles': articles,
        'top_authors': top_authors,
        'top_articles': top_articles,
        'categories': categories
    }
    # 将博文数据传递给模板
    return render(request, 'user_center.html', context)
```

然后设定路由即可，在urls.py文件中添加以下配置：

```python
urlpatterns = [
    path('reg/', user_register, name='user_register'),
    path('login/', user_login, name='user_login'),
```

```
            path('logout/', user_logout, name='user_logout'),
            path('center/<str:username>/', user_center, name='user_center'),    # 设定用户中心路由
        ]
```

保存文件后启动服务，测试进入用户个人中心页面效果，如图7-14所示。

图7-14 用户个人中心页面示例

7.4.4 用户个人中心发布新博文开发

根据前面的设计，将采用基于Boostrap的模态框来实现撰写博文和修改博文。这样就将撰写和修改的模态框代码全部放在模板user_center.html中。考虑到博客文章要内容丰富且排版整洁等，需要使用一些富文本插件来实现。如果没有熟悉的前端富文本插件，可以咨询ChatGPT。

ChatGPT提示词模板：

☑推荐几个前端可以使用的免费开源的富文本插件。

ChatGPT：

以下是几个常用的前端免费开源富文本编辑器插件：
TinyMCE: **TinyMCE是一个功能丰富的开源富文本编辑器，提供了强大的编辑功能和可定制性。它支持多种平台和语言，具有良好的文档和社区支持。
CKEditor: **CKEditor是另一个流行的开源富文本编辑器，具有可扩展性和丰富的功能。它支持插件系统，允许开发者根据需求自定义编辑器的功能和外观。
Quill: **Quill是一个简洁、现代的富文本编辑器，具有轻量级和易用性的特点。它提供了丰富的API，支持实时协作编辑和自定义主题。
Summernote: **Summernote是一个简单易用的富文本编辑器，基于Bootstrap和jquery。它提供了基本的编辑功能，并且可以轻松集成到现有的项目中。

Froala Editor: **Froala Editor是一个强大的富文本编辑器，提供了丰富的编辑功能和多种主题样式。它支持响应式布局和自定义插件，适用于各种类型的项目。

这些富文本编辑器插件都是免费开源的，并且在前端开发中被广泛使用。您可以根据项目需求和个人偏好选择适合您的富文本编辑器插件。

参考上述回复，选择Quill插件作为本案例的富文本插件。具体用法还可以继续咨询ChatGPT，提示词中需要包括示例代码，这样实际使用时可以直接参考。

下面就可以给出模态框代码了。

```html
<!-- 发布博文模态框 -->
<link href="https://cdn.quilljs.com/1.3.4/quill.snow.css" rel="stylesheet">
<div class="modal fade" id="newBlogModal" tabindex="-1" aria-labelledby="exampleModalLabel" aria-hidden="true">
```

```html
        <div class="modal-dialog modal-lg">
           <div class="modal-content">
              <div class="modal-header">
                 <h5 class="modal-title" id="exampleModalLabel">发布博文</h5>
                   <button type="button" class="btn-close" data-bs-dismiss="modal" aria-label="Close"></button>
              </div>
              <div class="modal-body">
                    <!-- 博文表单区 -->
                 <div class="mb-3">
<!--              输入标题-->
                     <div class="mt-2">
                          <h5>请输入博文标题</h5>
                          <input type="text" id="title" class="form-control">
                     </div>
                      <div class="mt-2">
                          <h5>请选择博文分类</h5>
                             <select id="category" class="form-control">
                                  <option value="ChatGPT使用" selected="selected">ChatGPT使用</option>
                                  <option value="OpenAI新闻">OpenAI新闻</option>
                                  <option value="AI新闻">AI新闻</option>
                             </select>
                      </div>
                       <div class="mt-2">
                       <!-- 创建一个编辑器容器 -->
                          <h5>请输入博文内容</h5>
                          <div id="editor" style="height: 500px;">
                          </div>
                          </div>
                 </div>
                 <div class="mb-3 text-center">
                    <button id="publish" class="btn btn-primary">发布</button>
                    <button type="button" class="btn btn-secondary" data-bs-dismiss="modal">关闭</button>
                </div>
             </div>
          </div>
       </div>
</div>
<!-- 引入Quill库文件 -->
<script src="https://code.jquery.com/jquery-3.5.1.min.js"></script>
<script src="https://cdn.quilljs.com/1.3.4/quill.js"></script>
<!-- 初始化Quill编辑器 -->
<script>
    var username = "{{request.session.username}}";
<!-- 配置富文本容器-->
  var quill = new Quill('#editor', {
    theme: 'snow',
    modules: {
            toolbar: [
                  [{'header': [1, 2, 3, 4, 5, 6, false] }],
                  ['bold', 'italic', 'underline', 'strike'],
                  [{'list': 'ordered'}, {'list': 'bullet'}],
                  ['link', 'image', 'video'],
                  [{'size': ['small', false, 'large', 'huge'] }],
                  ['clean']
```

```
                ]
            }
        });
        <!-- 获取富文本内容提交 -->
        $('#publish').click(function(){
            var choice=confirm("确认提交?");
            if(choice){
                var content = document.querySelector('#editor .ql-editor').innerHTML;
                var params={};
                params.author = username;
                params.title= $('#title').val();
                params.category= $('#category').val();
                params.content= content;
                $.post("/blog/submit/",params,function(res){
                    if(res.code==1){
                        alert("发布成功! ");
                        location.href="/user/center/"+username+"/";    # 返回个人中心
                    }
                })
            }
        })
</script>
```

接下来，对blogs目录中的视图函数views.py进行补充，补充处理新博文提交的函数。参考如下代码：

```
# 处理新博文提交请求视图函数
@csrf_exempt
def blog_submit(request):
    if request.method == 'POST':
        username = request.session['username']
        title = request.POST.get('title')
        content = request.POST.get('content')
        category = request.POST.get('category')
        if username and title and content:
            try:
                blog_user = BlogUser.objects.get(username=username)
                blog_category = BlogCategory.objects.get(name=category)
                article = BlogArticle.objects.create(
                    title=title,
                    content=content,
                    username=blog_user,
                    category=blog_category
                )
                article.save()
                return JsonResponse({'message': 'User registered successfully','code':1})
            except Exception as e:
                return JsonResponse({'error': str(e), 'code':0}, status=400)
        else:
            return JsonResponse({'error': 'Username and password are required', 'code':-1})
    else:
        return JsonResponse({'error': 'Only POST requests are allowed'}, status=405)
```

路由分配就相对简单多了，直接添加下面的路由配置即可：

```
path('blog/submit/', blog_submit, name='blog_submit'),  # 处理博文提交
```

保存后就可以进入撰写博文测试了，首先要求用户必须登录，进入用户中心后才能发布博文，如图 7-15 和图 7-16 所示。

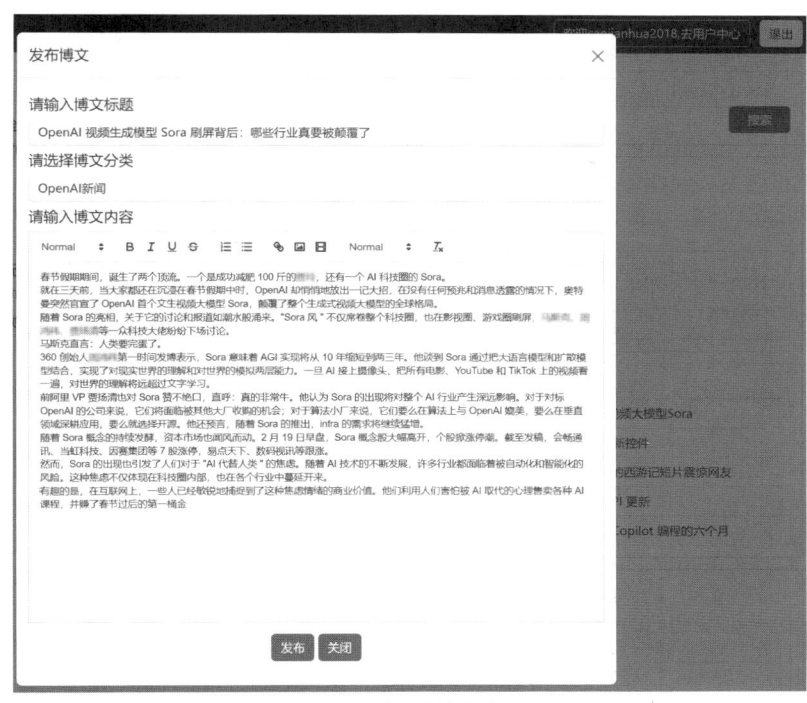

图 7-15　撰写博文窗口

图 7-16　博文发布后的列表显示

7.4.5 修改博文和删除博文

除了撰写博文外，作者还可以对自己的博文进行修改和删除。与撰写博文一样，都是使用Bootstrap的模态框技术呈现原博文的内容，同时继续使用Quill富文本插件来显示内容，以方便在其中修改。为了获取博文内容、博文标题和博文分类，使用onclick函数将参数传递到修改博文的模态框中，然后使用jquery动态获取当前博文的具体值。删除则指定博文的id号即可。首先改造前端user_center.html中有关修改博文链接处的代码。参考如下代码：

```html
<!-- 修改博文按钮 -->
  <a id="modBlog" data-bs-toggle="modal" data-bs-target="#modifyBlogModal" class="btn btn-success mr-2" onclick="modBlog({{ article.id }},'{{ article.title }}','{{ article.category}}','{{ article.content}}')" >修改博文</a>
  <!-- 删除博文按钮 -->
  <a id="delBlog" onclick="delBlog({{article.id}})" class="btn btn-danger float-end">删除博文</a>
```

然后在撰写新博文模态框代码下面增加修改博文的模态框代码：

```html
<!--修改博文-->
<div class="modal fade" id="modifyBlogModal" tabindex="-1" aria-labelledby="exampleModalLabel" aria-hidden="true">
  <div class="modal-dialog modal-lg">
    <div class="modal-content">
      <div class="modal-header">
        <h5 class="modal-title" id="exampleModalLabel">修改博文</h5>
          <button type="button" class="btn-close" data-bs-dismiss="modal" aria-label="Close"></button>
      </div>
      <div class="modal-body">
          <!-- 博文表单区 -->
          <div class="mb-3">
<!--            输入标题-->
          <div class="mt-2">
              <h5>请修改博文标题</h5>
              <input type="text" id="title1" class="form-control">
              <input type="hidden" id="articleID" class="form-control">
          </div>
            <div class="mt-2">
              <h5>请选择博文分类</h5>
                <select id="category1" class="form-control">
                    <option value="ChatGPT使用" selected="selected">ChatGPT使用</option>
                    <option value="OpenAI新闻">OpenAI新闻</option>
                    <option value="AI新闻">AI新闻</option>
                </select>
            </div>
            <div class="mt-2">
            <!-- 创建一个编辑器容器 -->
              <h5>请修改博文内容</h5>
              <div id="editor1" style="height: 500px;">
              </div>
            </div>
        </div>
      <div class="mb-3 text-center">
        <button id="modify" class="btn btn-primary">提交</button>
```

```html
                    <button type="button" class="btn btn-secondary" data-bs-
dismiss="modal">关闭</button>
            </div>
        </div>
    </div>
</div>
```

然后继续给出Javascript脚本来获取当前博文的内容，实现修改后提交。可以看到提交处理的流程和上述发布新博文的基本一样：

```javascript
<!-- 修改博文中添加富文本插件 -->
var quill = new Quill('#editor1', {
    theme: 'snow',
    modules: {
            toolbar: [
                [{'header': [1, 2, 3, 4, 5, 6, false] }],
                ['bold', 'italic', 'underline', 'strike'],
                [{'list': 'ordered'}, {'list': 'bullet'}],
                ['link', 'image', 'video'],
                [{'size': ['small', false, 'large', 'huge'] }],
                ['clean']
            ]
        }
});
<!-- 修改博文动态取值和赋值 -->
  <!-- 修改博文动态取值和赋值 -->
  function modBlog(id,title,category,content){
      $('#articleID').val(id);
      $('#category').val(category);
      $('#title1').val(title);
      document.querySelector('#editor1 .ql-editor').innerHTML=content;
}
    <!-- 修改博文后提交 -->
    $('#modify').click(function(){
        var choice=confirm("确认提交?");
        if(choice){
            var content = document.querySelector('#editor1 .ql-editor').innerHTML;
            var params={};
            params.author = username;
            params.id= $('#articleID').val();
            params.title= $('#title1').val();
            params.category= $('#category1').val();
            params.content= content;
            $.post("/blog/modify/",params,function(res){
               if(res.code==1){
                 alert("修改成功! ");
                 location.href="/user/center/"+username+"/";
               }
            })
        }
    })
```

与发布博文一样，在视图函数中添加一个修改博文的处理方法。具体参考如下代码：

```python
# 修改博文视图函数
@csrf_exempt
def blog_modify(request):
```

```python
    if request.method == 'POST':
        username = request.session['username']
        title = request.POST.get('title')
        content = request.POST.get('content')
        category = request.POST.get('category')
        if username and title and content:
            try:
                # 获取两个关联外键对象
                blog_user = BlogUser.objects.get(username=username)
                blog_category = BlogCategory.objects.get(name=category)
                # 获取需要修改的博文对象
                article = get_object_or_404(BlogArticle, title=title, username=blog_user)
                article.title=title
                article.content=content
                article.category=blog_category
                article.save()
                return JsonResponse({'message': 'successfully','code':1})
            except Exception as e:
                return JsonResponse({'error': str(e)}, status=400)
        else:
            return JsonResponse({'error': 'Username and password are required'}, status=400)
    else:
        return JsonResponse({'error': 'Only POST requests are allowed'}, status=405)
```

同时，在urls.py路由文件中添加修改博文的路由配置：

```
path('blog/modify/', blog_modify, name='blog_modify'), # 处理博文修改
```

保存后启动服务，就可以测试修改博文了，如图7-17所示。

图7-17　修改博文弹窗示例

删除指定的博文，可以直接在前端user_center.html模板的修改博文脚本下方添加如下代码：

```html
<!-- 删除指定博文id -->
    function delBlog(id){
    var choice=confirm("确认删除?");
        if(choice){
          $.post('/blog/delete/',{'id':id},function(res){
            if(res.code==1){
              alert("删除成功！");
              location.href="/user/center/"+username+"/";
            }
          })
        }
    }
```

然后，在blogs目录的视图函数views.py中添加删除博文的操作函数。参考如下代码：

```python
@csrf_exempt
def blog_delete(request):
    if request.method == 'POST':
        username = request.session['username']
        id = request.POST.get('id')
        if username and id:
            try:
                # 获取关联外键对象
                blog_user = BlogUser.objects.get(username=username)
                # 获取需要修改的博文对象
                article = get_object_or_404(BlogArticle, id=id, username=blog_user)
                # 删除操作
                article.delete()
                return JsonResponse({'message': 'successfully','code':1})
            except Exception as e:
                return JsonResponse({'error': str(e)}, status=400)
        else:
            return JsonResponse({'error': 'Username and password are required'}, status=400)
    else:
        return JsonResponse({'error': 'Only POST requests are allowed'}, status=405)
```

最后，配置一下删除的路由即可，参考如下代码：

```python
path('blog/delete/', blog_delete, name='blog_delete'), # 处理博文删除
```

保存后就可以删除博文了。读者可以参考上述代码来实现测试。

7.5 前端博文评论功能开发

根据功能设计列表，每篇博文下方还将提供评论功能，即允许注册用户对博文进行评论，并且在博文下方显示已有的评论列表。本节将实现前端博文评论功能，同时由于评论有可能出现恶意评，因此在评论提交后，后端要进行审核过滤，如果出现一些不当言论，则不允许发布。

7.5.1 任务需求

前端博文评论功能用例描述见表7-6。

表 7-6 前端博文评论功能用例描述

用例名称	用户对别人的博文进行点评
主要参与者	登录成功的用户
前置条件	用户已成功登录并进入用户中心页面
后置条件	用户成功提交评论，系统刷新博文评论列表
主要流程	1. 用户选择点评别人的博文
	2. 用户填写评论内容
	3. 用户提交评论信息
	4. 系统刷新博文评论列表
备选流程	如果用户未登录，系统可能跳转至登录页面或显示登录提示

7.5.2 评论区 UI 设计

直接在博文下方添加一个评论区，该评论区使用表单方式构建。同时还需要显示按时间先后的已有评论列表。此时可以将原来的 blog_detail.html 网页代码复制到 ChatGPT 聊天区，然后给出要求。

ChatGPT提示词模板：

☑ 继续在主体内容下方编写一个评论的表单区和显示评论列表区。

然后，参考前述检索页面中使用的继承模板方法，将 blog_detail.html 代码进一步补充。参考如下代码：

```html
<!-- 评论区-->
        <div class="card mb-3">
            <div class="card-body">
                    <h5 class="card-title">发表评论</h5>
                    <form method="post" action="/blog/comment/">
                        {% csrf_token %}
                        <div class="mb-3">
                            <label for="comment" class="form-label">评论内容</label>
                            <input type="hidden" name="author" value="{{author}}">
                            <input type="hidden" name="blog" value="{{article.title}}">
                            <textarea class="form-control" id="comment" name="comment" rows="3" required></textarea>
                        </div>
                        {% if request.session.username %}
    <button type="submit" class="btn btn-primary float-end">提交评论</button>
                        {% else %}
        <button type="submit" disabled="disabled" class="btn btn-primary float-end">提交评论</button>
                        {% endif %}
    </form>
            </div>
        </div>
<!--        评论列表-->
        <div class="card mb-3">
            <div class="card-body">
                <h5 class="card-title">评论列表</h5>
                <ul class="list-group">
                    {% for comment in comments %}
                    <li class="list-group-item">
```

```html
                        <p>{{ comment.commentor }}-{{ comment.created_at }}</p>
                        <p>{{ comment.content }}</p>
                    </li>
                    {% empty %}
                    <li class="list-group-item">暂无评论</li>
                    {% endfor %}
                </ul>
            </div>
        </div>
    </div><!-- 评论区-->
        <div class="card mb-3">
            <div class="card-body">
                <h5 class="card-title">发表评论</h5>
                <div class="mb-3">
                    <label for="comment" class="form-label">评论内容</label>
                    <input type="hidden" id="commentor" value="{{ request.session.username }}">
                    <input type="hidden" id="blog" value="{{article.title}}">
  <textarea class="form-control" id="comment"  rows="3" required></textarea>
                </div>
                {% if request.session.username %}
                <button  id="submit" class="btn btn-primary float-end">提交评论</button>
                {% else %}
                <button disabled="disabled" class="btn btn-primary float-end">提交评论</button>
                {% endif %}
            </div>
        </div>
<!-- 评论列表-->
        <div class="card mb-3">
            <div class="card-body">
                <h5 class="card-title">评论列表</h5>
                <ul class="list-group">
                    {% for comment in comments %}
                    <li class="list-group-item">
                        <p>{{ comment.commentor }}-{{ comment.created_at }}</p>
                        <p>{{ comment.content }}</p>
                    </li>
                    {% empty %}
                    <li class="list-group-item">暂无评论</li>
                    {% endfor %}
                </ul>
            </div>
        </div>
    </div>
<script src="https://code.jquery.com/jquery-3.5.1.min.js"></script>
<script>
  $('#submit').click(function(){
    var params={};
    params.commentor=$('#commentor').val();
    params.blog=$('#blog').val();
    params.comment=$('#comment').val();
    console.log(params)
    $.post("/blog/comment/",params,function(res){
        if(res.code==1){
            alert("评论成功! ");
```

```javascript
        }else if(res.code==-1){
            alert("言论不当, 无法提交!");
        }else{
            alert("提交失败!");
        }
        location.reload();
    })
})
</script>
```

此时打开浏览器，预览效果如图7-18所示。

图7-18　博文评论前端设计

7.5.3　博文评论功能实现

完成前端UI设计后，就可以对评论模块进行处理了。具体思路：登录用户，在博文详情页面下方评论区表单中输入文本评论，单击"提交评论"按钮，将博文评论发到后端视图函数中处理，包括自动审核过滤。如果没有不当言论，则将博文评论提交数据库存储并返回博文页面；如果有不当言论，则提示错误不予发布。这个模块需要使用博文评论数据模型，这里也可以继续组织提示词给ChatGPT，但因为上述一些模块开发过程完全类似，所以从积累经验角度来看，可以尝试自己对照着完成。首先编写博文评论处理函数，参考如下代码：

```python
# 处理博客评论提交
def blog_comment(request):
    if request.method == 'POST':
```

```python
        commentor = request.POST.get('commentor')        # 评论者
        blog = request.POST.get('blog')                  # 博文标题
        content = request.POST.get('comment')            # 评论内容
        # 对内容进行过滤审核
        abnormals=["杀人","放火","色情","赌博","反动","诈骗"]
        for word in abnormals:
            if word in content:
                # 如果发现不当言论，返回审核结果和处理建议
                return JsonResponse({'status': 'rejected', 'message': '内容包含不当言论，已被拒绝'})
        # 获取关联外键对象
        blog_user = BlogUser.objects.get(username=commentor)
        blog_article = BlogArticle.objects.get(title=blog)
        try:
            comments=
BlogComment.objects.create(blog=blog_article,commentor=blog_user,content=content)
            return JsonResponse({'message': 'successfully', 'code': 1})
        except Exception as e:
            return JsonResponse({'error': str(e),'code':0}, status=400)
```

然后在blogs的urls.py路由设置中添加处理的路径：

```python
path('blog/comment/', blog_comment, name='blog_comment'),  # 处理博文评论
```

保存后就可以开始测试发布评论了。同时，还需要在博文下方显示已有的评论列表，基本思路就是从博文评论表中查询该博文的评论信息，然后传递给模板显示。由于博文详情页之前在5.7节中已经实现过，因此这里只需要稍作修改即可。

```python
# 博文详情页处理
def get_blog_detail_by_id(request, id):
    # 根据博文id获取博文详情
    try:
        # 博文详情
        blog_detail = BlogArticle.objects.get(id=id)
        # 查询该博文的阅读数
        blog_counts = BlogStats.objects.filter(blog=blog_detail).first()
        # 如果找到了对应的阅读统计对象，则获取阅读数
        if blog_counts:
            views_count = blog_counts.counts
        else:
            views_count = 0   # 如果没有找到对应的阅读统计对象，则默认阅读数为0
        # 右侧边栏数据
        top_authors, top_articles, categories = right_sidebar_content()
        # 查询该博文的评论列表
        blog_comments=BlogComment.objects.filter(blog=blog_detail)
        # 组织传递给模板的数据字典对象
        context = {
            'article': blog_detail,
            'article_counts': views_count,
            'top_authors': top_authors,
            'top_articles': top_articles,
            'categories': categories,
            'comments':blog_comments
        }
        # 将博文数据传递给模板
        return render(request, 'blog_detail.html', context)
    except BlogArticle.DoesNotExist:
        raise Http404("博文不存在")
```

重新刷新浏览器，就可以看到已有的评论列表了，如图7-19所示。

图7-19　博文评论列表显示

7.6　小结

　　本章介绍了在ChatGPT辅助下博客系统前端所有功能模块的开发过程，包括首页前端博客系统首页功能开发、博文详情页面开发、用户注册登录开发、前端用户中心开发和前端博文评论功能开发。所有的UI设计都是在ChatGPT给出的示例代码基础上稍加修改来实现的，开发者只需更多关注业务逻辑处理就可以完成功能模块的开发任务，从而大大提高了开发效率。

第 8 章

ChatGPT 辅助 Django 博客系统后端 API 接口开发

　　随着数据的增多，项目业务也变得愈发复杂。目前，前后端分离开发是主流的 Web 开发模式。前端主要处理数据渲染显示和用户交互请求窗体实现，后端则负责管理数据和提供处理业务逻辑的接口。两者任务分工明确，各自发展路线也有差异。目前前端新技术、开发趋势、库和框架不断涌现，出现了大量基于 Angular、React 和 Vue 的组件库，工程化管理大大提高了代码开发的效率。而后端则更多侧重于 API 接口的开发。本章主要介绍博客系统案例的 Restful API 接口开发过程，具体的前端实现可以参考第 7 章设定好的页面内容，然后组织好提示词提供给 ChatGPT，根据反馈一步步开发完成。

8.1 权限认证设置

考虑权限认证是整个系统的安全性需要，也就是只有在获得许可的情况下才能实现业务操作和访问。例如，后端管理系统需要登录成功后才能操作；前端博客部分功能模块也需要用户登录后才有权限操作，并且限定部分权限。对于API接口开发而言，更是要考虑权限认证管理。下面可以使用如下提示词获得ChatGPT的参考输出。

ChatGPT提示词模板：

☑ 本案例的博客系统API开发将基于JWT Token认证，请就该认证方法进行详细介绍，并给出示例代码。

8.1.1 JWT Token 认证技术

JWT（JSON Web Token）是一种在网络上安全传递声明的开放标准（RFC 7519），主要用来在用户和服务器之间传递经过签名的认证信息。在Web应用开发中，JWT被广泛应用于身份验证和信息交换。

以下是基于JWT的Token认证的详细解释：

（1）JWT 基础知识：JWT 由 Header、Payload 和 Signature 3部分组成。这3部分用"."分隔开，如 xxxxx.yyyyy.zzzzz。

1）Header：包含Token的元数据，通常指定算法和类型（如HMAC SHA256或RSA）。

2）Payload：包含声明（Claim），定义了关于实体（通常是用户）和其他数据的信息。

3）Signature：使用 Header 和 Payload 加上密钥进行签名，以验证 Token 的完整性。

（2）JWT 的使用场景。

1）用户认证：用户登录成功后，服务器生成一个JWT，将其返回给客户端，客户端存储该Token。

2）API身份验证：客户端在每个请求中都将JWT放置在Authorization头部，以证明其身份。

8.1.2 基于 JWT Token 技术的权限认证

本案例基于JWT Token认证技术来实现权限认证。由于博客系统设置了前端用户具有注册和登录的功能，因此限定在用户成功登录后生成Token，为后续的操作提供验证。

具体实现过程如下：

（1）安装第三方库djangorestframework-simplejwt：直接在项目终端运行pip命令完成该库的安装。

```
pip install djangorestframework-simplejwt
```

（2）在项目全局设置文件settings.py中添加如下设置：

```python
# settings.py
INSTALLED_APPS = [
    # ...
    'rest_framework',
    'rest_framework_simplejwt',
    # ...
```

```python
]
REST_FRAMEWORK = {
    'DEFAULT_AUTHENTICATION_CLASSES': (
        'rest_framework_simplejwt.authentication.JWTAuthentication',
    ),
}
```

（3）使用 rest_framework_simplejwt.views 中的 TokenObtainPairView 生成 Token。此时，需要在项目全局路由设置文件urls.py中添加获取Token的请求路由。

```python
# urls.py
from django.urls import path
from rest_framework_simplejwt.views import TokenObtainPairView, TokenRefreshView

urlpatterns = [
    path('api/token/', TokenObtainPairView.as_view(), name='token_obtain_pair'),  # 添加
    path('api/token/refresh/', TokenRefreshView.as_view(), name='token_refresh'), # 添加
]
```

（4）在处理用户登录的视图函数中添加该用户的Token，并返回给前端。本案例就是可以在api目录下的视图函数views.py中添加用户登录成功后生成的Token，参考如下代码：

```python
class LoginView(APIView):
    permission_classes = [AllowAny]
    authentication_classes = []  # 禁用身份验证
    def post(self, request):
        try:
            username = request.data.get('username')
            password = request.data.get('password')
            user = authenticate(username=username, password=password)
            if user:
                refresh = RefreshToken.for_user(request.user)
                access_token = str(refresh.access_token)
                print(access_token)
                return Response({"message": "Login successful.",'code':1})
        except Exception as e:
            return Response({"message": "Invalid Login.","code":-1})
```

（5）在提供API请求的视图ViewSet类中添加：

```python
# 添加访问用户权限限制
    permission_classes = [permissions.IsAuthenticated]
```

8.1.3 API 接口开发准备

首先，使用Django创建应用的命令创建一个API应用：

```
python manage.py startapp api
```

然后，添加两个文件serializer.py和urls.py，前者负责处理模型数据的序列化；后者负责处理API接口的路由设置。项目结构示例如图8-1所示。

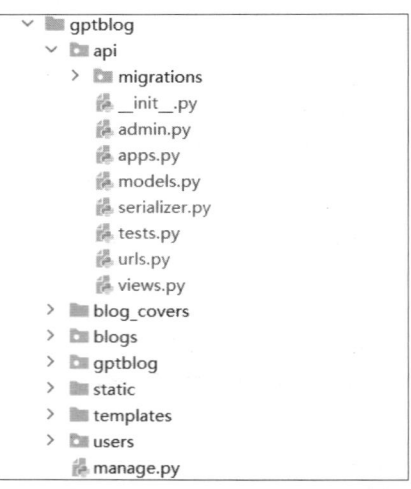

```
     v ■ gptblog
       v ■ api
         > ■ migrations
            __init__.py
            admin.py
            apps.py
            models.py
            serializer.py
            tests.py
            urls.py
            views.py
       > ■ blog_covers
       > ■ blogs
       > ■ gptblog
       > ■ static
       > ■ templates
       > ■ users
         manage.py
```

图 8-1　项目结构示例

最后，在项目全局配置文件settings.py中确认设置api访问接口路由：

```
path('api/',include("api.urls")),
path('api/token/', TokenObtainPairView.as_view(), name='token_obtain_pair'),
            #获取token
path('api/token/refresh/', TokenRefreshView.as_view(), name='token_refresh'),
```

8.2　用户管理API接口实现

下面开始设计用户功能模块的API接口实现。对于博客系统而言，前端的用户管理部分主要是注册和登录。后端管理则使用第6章实现的Admin后端管理系统。如果采用前后端分离技术开发，前端采用移动端App或小程序等形式呈现，此时用户在进行注册或登录时就涉及了用户的API接口处理。因为用户注册和登录通常不需要使用Token进行验证，所以可以在定义视图类viewset时添加禁用身份验证的代码。具体实现可以使用如下提示词模板。

ChatGPT提示词模板：

☑ 本案例的博客系统API开发接口要求实现用户注册、登录和退出接口，给出示例代码。

8.2.1　用户注册接口

首先，在api应用目录下的视图函数views.py中定义业务逻辑视图，这里使用继承APIView类来自定义提交的方法：

```python
# api/views.py
from rest_framework import viewsets, permissions
from blogs.models import *
from users.models import BlogUser
from .serializer import *
# 处理用户注册
class RegisterView(APIView):
    permission_classes = [AllowAny]
    authentication_classes = []    # 禁用身份验证
    def post(self,request):
        username = request.data.get('username')
```

```python
        password = request.data.get('password')
        phone = request.data.get('phone')
        if username and password and phone:
            try:
                user = BlogUser.objects.create_user(username=username, password=password,
 phone_number=phone)
                return Response({"message": "Register successful.","code":1})
            except Exception as e:
                return Response({'error': str(e),"code":0})
        else:
            return Response({'error': 'Username and password are required',"code":-1})
```

然后，在api应用目录下的urls.py中定义访问路由方式。下面配置用户注销、用户登录和用户注册的路由。参考如下代码：

```python
urlpatterns = [
        path("user/logout/",LogoutView.as_view(),name="logout"),      # 用户注销路由
        path("user/login/",LoginView.as_view(),name="login"),         # 用户登录路由
    path("user/register/",RegisterView.as_view(),name="register"),    # 用户注册路由
]
```

至此，API接口就准备好了，下面可以在项目目录外部创建一个api.html，然后输入如下代码：

```html
<h3>用户接口测试</h3>
<input type="text" id="username" placeholder="请输入姓名"><br>
<input type="password" id="password" placeholder="请输入密码"><br>
<input type="text" id="phone" placeholder="请输入手机号"><br>
<button id="reg">注册测试</button>
```

预览效果如图8-2所示。

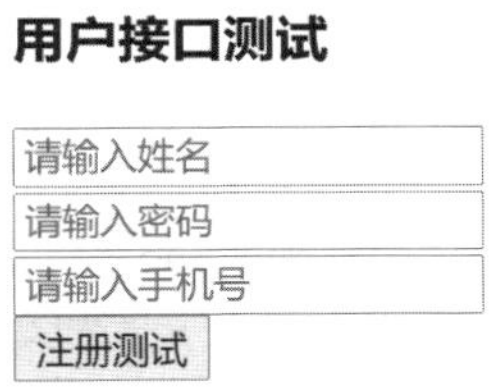

用户接口测试

请输入姓名
请输入密码
请输入手机号
注册测试

图8-2 网页用户接口注册测试示意

最后，就可以使用传统的Fetch API方法来测试：

```javascript
document.getElementById('reg').addEventListener('click',function(){
    fetch('http://127.0.0.1:8000/api/user/register/', {
        method: 'POST',
        headers: {
            'Content-Type': 'application/json',
        },
         body: JSON.stringify({
            "username":document.getElementById('username').value,
            "password":document.getElementById("password").value,
            "phone":document.getElementById("phone").value
        }),
    })
    .then(response => response.json())
    .then(data => {
```

```
        console.log(data)
    })
    .catch(error => console.error('Login error:', error));
    })
</script>
```

可以基于上述代码在输入窗口中输入对应的文本进行测试，由此完成用户注册的API接口验证。

8.2.2 用户登录接口

用户登录与用户注册类似，可以基于第7章的用户登录方法实现。由于在登录成功后要返回Token，以便于下次验证登录，因此需要在API目录的视图函数views.py中定义一个登录的处理函数，该函数继承APIView类。参考如下代码：

```
# 处理用户登录
class LoginView(APIView):
    permission_classes = [AllowAny]
    authentication_classes = []      # 禁用身份验证
    def post(self, request):
        try:
            username = request.data.get('username')
            password = request.data.get('password')
            user = authenticate(username=username, password=password)
            if user:
                refresh = RefreshToken.for_user(request.user)
                access_token = str(refresh.access_token)
                return Response({"message": "Login Successful.","code":1,'token': access_token})
        except Exception as e:
            return Response({"message": "Invalid Login.","code":0})
```

然后直接在8.2.1小节中的注册网页代码中修改即可：

```
<h3>用户接口测试</h3>
<input type="text" id="username" placeholder="请输入姓名"><br>
<input type="password" id="password" placeholder="请输入密码"><br>
<button id="login">登录测试</button>
```

脚本代码中做同样修改：

```
document.getElementById('login').addEventListener('click',function(){
    fetch('http://127.0.0.1:8000/api/user/login/', {
        method: 'POST',
        headers: {
            'Content-Type': 'application/json',
        },
        body: JSON.stringify({
            "username":document.getElementById('username').value,
            "password":document.getElementById('password').value,
        }),
    })
    .then(response => response.json())
    .then(data => {
        console.log(data)
      localStorage.setItem("token":token) # 保存token到浏览器
    })
```

```
        .catch(error => console.error('Login error:', error));
    })
```

接下来就可以测试了。返回结果如图 8-3 所示。

图 8-3 用户登录 API 接口测试

8.2.3 用户退出接口

在 App 端有用户主动退出应用时，还需要后端 API 接口提供退出处理功能。用户退出逻辑上是主动发送请求时携带用户信息以及 Token，后端确认是合法用户后清除 Token，并将 Token 添加到 Token 的黑名单中使其失效。前端用户再根据返回结果进行其他处理。

首先需要在 API 应用目录下的视图函数 views.py 中添加处理用户退出的方法：

```python
# 处理用户退出
class LogoutView(APIView):
    permission_classes = [AllowAny]
    authentication_classes = []              # 禁用身份验证

    def post(self, request):
        try:
            refresh_token = request.data["refresh_token"]
            token = RefreshToken(refresh_token)
            token.blacklist()
            return Response({"message": "Logout successful."}, status=status.HTTP_200_OK)
        except Exception as e:
            return Response({"message": "Invalid refresh token."}, status=status.HTTP_400_BAD_REQUEST)
```

前端测试时，可以先读取本地保存的 Token，然后携带参数提交进行测试。

8.3 博文管理 API 接口实现

博文管理 API 接口与用户管理接口有所不同，主要包括博文列表显示接口、单篇博文详情显示、用户发表博文、用户点评博文和用户删除博文。其中与博文和用户相关的操作需要权限认证才能执行。

ChatGPT提示词模板：

☑ 本案例的博客系统API开发接口要求实现博文显示接口、单篇博文详情显示、用户发表博文、用户点评博文、用户删除博文，给出示例代码。

8.3.1 博文显示接口

博文显示包括博文所有列表显示以及单篇博文详情显示。其中，博文所有列表显示较为简单，可以参考4.5.3小节中的DRF API开发示例进行。

首先，在api应用目录下的serializers.py文件中对所有与博文相关的数据模型进行序列化：

```python
# api/serializers.py
from rest_framework import serializers
from blogs.models import BlogArticle, BlogComment,BlogStats,BlogCategory

class BlogArticletSerializer(serializers.ModelSerializer):
    class Meta:
        model = BlogArticle
        fields = '__all__'
class BlogCommentSerializer(serializers.ModelSerializer):
    class Meta:
        model = BlogComment
        fields = '__all__'
class BlogStatsSerializer(serializers.ModelSerializer):
    class Meta:
        model = BlogArticle
        fields = '__all__'

class BlogStatsSerializer(serializers.ModelSerializer):
    class Meta:
        model = BlogStats
        fields = '__all__'
class BlogCategorySerializer(serializers.ModelSerializer):
    class Meta:
        model = BlogStats
        fields = '__all__'
```

然后，在api应用目录下的views.py文件中添加业务逻辑处理函数：

```python
class BlogArticleViewSet(viewsets.ModelViewSet):
    queryset = BlogArticle.objects.all()
    serializer_class = BlogArticletSerializer
```

最后，在api应用目录下的urls中添加路由配置：

```python
router = DefaultRouter()
router.register(r'blog', BlogArticleViewSet)  # 添加blog路由

urlpatterns = [
    path("", include(router.urls)),    # 添加
    path("user/logout/",LogoutView.as_view(),name="logout"),
    path("user/login/",LoginView.as_view(),name="login"),
    path("user/register/",RegisterView.as_view(),name="register"),
]
```

接下来，在前端请求时先获取token，然后携带token来请求获取博文列表。此时，需要修改Fetch API请求的代码，在headers中增加token：

```javascript
document.getElementById('get').addEventListener('click',function(){
    fetch('http://127.0.0.1:8000/api/token/', {
        method: 'POST',
        headers: {
            'Content-Type': 'application/json',
        },
        body: JSON.stringify({
            "username":document.getElementById('username').value,
            "password":document.getElementById("password").value,
        }),
    })
    .then(response => response.json())
    .then(data => {
        console.log(data)
        // 存储访问令牌和刷新令牌
        const accessToken = data.access;
        const refreshToken = data.refresh;
        fetch('http://127.0.0.1:8000/api/blog/',          # 获取所有博文记录
        {method: 'GET',
        headers: {
            'Authorization': 'Bearer ${accessToken}',     # 增加的认证token
            'Content-Type': 'application/json',
        }
        }).then(response => response.json())
        .then(data=>{
            console.log(data)
        })
    })
    .catch(error => console.error('Login error:', error));
})
```

基于前端浏览器工具进行测试，测试效果如图8-4和图8-5所示。

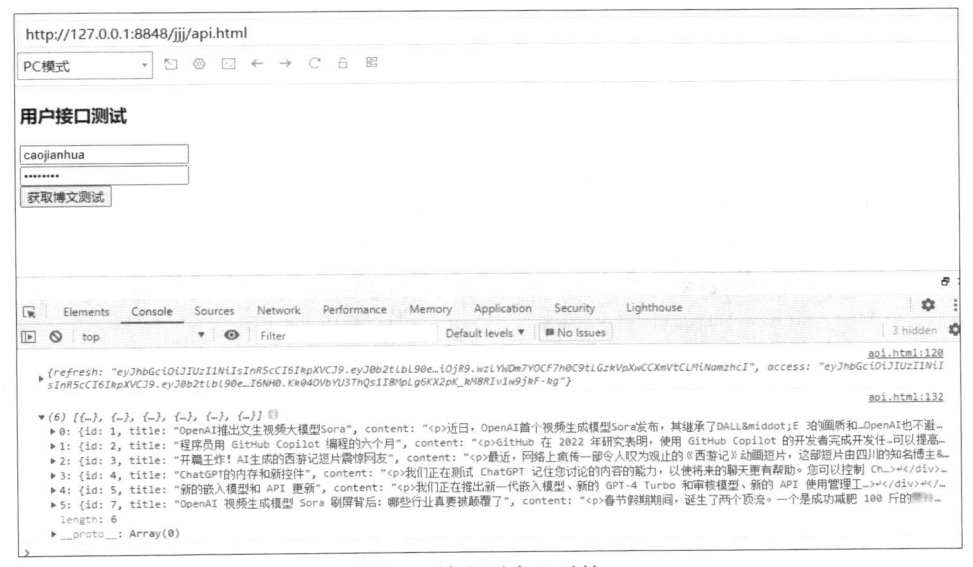

图8-4 博文列表显示接口

图8-5 单篇博文详情显示接口

8.3.2 博文管理接口

对博文的管理包括当前登录用户查看个人的博文记录、发布博客、修改博客和删除博客，以及发表点评。由于这里必须是当前登录用户去操作，因此在后端API接口视图里需要指定是当前登录用户。此时需要重新创建一个视图函数，并增加一个用户认证判断，由于BlogArticle涉及两个关联外键字段，直接使用ModelViewSet反而显得不太方便，此时直接继承APIView进行个性化操作会更好一些，因此，整个视图函数都继承APIView类，然后重写其中的get、post、delete和patch方法，对应到前端请求的类型。参考如下代码：

```python
# 当前登录用户博文数据管理
class BlogArticleByAuthorViewSet(APIView):
    permission_classes = [permissions.IsAuthenticated]
    # 查询该用户发布的博文列表
    def get(self, request, *args, **kwargs):
        # 获取当前用户对象
        user = request.user
        # 查询当前用户的博客文章
        blog_articles = BlogArticle.objects.filter(username=user)
        # 序列化查询结果
        serializer = BlogArticleSerializer(blog_articles, many=True)
        return Response(serializer.data, 200)

    # 该用户登录后发布博文
    def post(self, request, *args, **kwargs):
        # 获取请求中的数据
        title = request.data.get('title')
        content = request.data.get('content')
        username = request.data.get('username')
```

```python
        category = request.data.get('category')
        # 创建博客文章
        blog_user = BlogUser.objects.get(username=username)
        blog_category = BlogCategory.objects.get(name=category)
        try:
            article = BlogArticle.objects.create(
                title=title,
                content=content,
                username=blog_user,
                category=blog_category
            )
            article.save()
            return Response({"code":200,"msg":"created successfully"})
        except:
            return Response({"code":400,"msg":"created failed"})

    # 删除该用户自己发布的指定博文
    def delete(self, request, *args, **kwargs):
        # 获取要删除的博客文章的ID
        article_id = request.data.get('id', None)
        if article_id is None:
            return Response({'detail': '未提供要删除的博客文章的ID。','code':400})
        # 查询博客文章是否存在
        try:
            blog_article = BlogArticle.objects.get(id=article_id, username=request.user)
        except BlogArticle.DoesNotExist:
            return Response({'detail': '未找到指定的博客文章。','code':404})
        # 删除该博客文章
        blog_article.delete()
        return Response({'detail': '博客文章删除成功。','code':200})

    # 部分修改博文内容
    def patch(self,request):
        # 获取请求中的数据
        id = request.data.get('id')
        title = request.data.get('title')
        content=request.data.get('content')
        # 修改博客文章
        blog_user = BlogUser.objects.get(username=self.request.user)
        try:
            article = BlogArticle.objects.get(id=id,username=blog_user)
            article.title=title
            article.content=content
            article.save()
            return Response({"code": 200, "msg": "updated successfully"})
        except:
            return Response({"code": 400, "msg": "updated failed"})
```

然后，在api目录下的urls.py文件中增加处理博文管理的路由：

```
router = DefaultRouter()
router.register(r'blog', BlogArticleViewSet)                    # 任意登录用户博文路由
router.register(r'blog_author', BlogArticleByAuthorViewSet)     # 与登录用户相关的博文管理
```

（1）获取当前登录用户的博文。前端请求获取记录和前面用户登录后获取所有博文记录的方式完全一样，只是请求地址切换为/api/blog_author。参考如下代码：

```
document.getElementById('get').addEventListener('click',function(){
```

```javascript
fetch('http://127.0.0.1:8000/api/token/', {
    method: 'POST',
    headers: {
        'Content-Type': 'application/json',
    },
    body: JSON.stringify({
        "username":document.getElementById('username').value,
        "password":document.getElementById('password').value,
    }),
})
.then(response => response.json())
.then(data => {
    console.log(data)
    // 存储访问令牌和刷新令牌
    const accessToken = data.access;
    const refreshToken = data.refresh;
    fetch('http://127.0.0.1:8000/api/blog_author/',      # 获取所有博文记录
    {method: 'GET',
    headers: {
        'Authorization': 'Bearer ${accessToken}',        # 增加的认证token
        'Content-Type': 'application/json',
    }
    }).then(response => response.json())
    .then(data=>{
        console.log(data)     # 控制台输出
    })
})
.catch(error => console.error('Login error:', error));
})
```

在输入框中输入已有的作者姓名和密码，测试效果如图8-6所示。

图8-6 获取当前登录用户发表的博文

（2）登录用户发表新博文。鉴于DRF API的接口方式，前述的视图函数已经处理好，现在可以直接在前端使用POST请求，然后按给定表单要求的内容增加博文，因此修改前端请求即可：

```javascript
fetch('http://127.0.0.1:8000/api/token/', {
    method: 'POST',
```

```
        headers: {
            'Content-Type': 'application/json',
        },
        body: JSON.stringify({
            "username":document.getElementById('username').value,
            "password":document.getElementById("password").value, }),
})
.then(response => response.json())
.then(data => {
        console.log(data)
        // 存储访问令牌和刷新令牌
        const accessToken = data.access;
        const refreshToken = data.refresh;
        //获取令牌后开始请求博文管理相关api
        fetch('http://127.0.0.1:8000/api/blog_author/', {
            method: 'POST',
            headers: {
                    'Authorization': 'Bearer ${accessToken}',
                    'Content-Type': 'application/json',
        },
        body: JSON.stringify({
            "title":"谣言! ChatGPT5即将上线",
            "content":"经专家鉴定，ChatGPT5上线发布的新闻为假新闻,不可谣传",
            "category":"AI新闻"
        }),
    }).then(response => response.json())
    .then(data=>{
        console.log(data)
    })
})
.catch(error => console.error('Login error:', error));
})
```

（3）登录用户删除自己发布的博文。与发布博文请求类似，直接将上述的管理博文接口请求修改为DELETE，并给定删除博文的id号即可，参考如下代码：

```
# 先获取token，然后进行博文管理
fetch('http://127.0.0.1:8000/api/token/', {
        method: 'POST',
        headers: {
            'Content-Type': 'application/json',
        },
        body: JSON.stringify({
            "username":document.getElementById('username').value,
            "password":document.getElementById("password").value,
            }),
})
.then(response => response.json())
.then(data => {
        console.log(data)
        # 存储访问令牌和刷新令牌
        const accessToken = data.access;
        const refreshToken = data.refresh;
        # 获取到token后开始进行博文相关管理
        fetch('http://127.0.0.1:8000/api/blog_author/', {
        method: 'DELETE',
        headers: {
```

```javascript
        'Authorization': 'Bearer ${accessToken}',
        'Content-Type': 'application/json',
    },
    body: JSON.stringify({
        "id":9           # 指定删除博文id
    }),
}).then(response => response.json())
    .then(data=>{
        console.log(data)
    })
})
.catch(error => console.error('Login error:', error));
})
```

（4）登录用户修改自己发布的博文。与发布博文请求类似，直接将上述的管理博文接口请求修改为PATCH，并给定修改博文的id号和修改内容等表单元素即可。读者可以自己尝试。

8.3.3 博文点评管理

博文点评是指当前登录用户在查看博文详情页面时，既可以看见已有点评列表，又可以发表自己的评论观点（以文字为主）。在API接口开发方面，需要提供博文点评内容的GET列表请求和POST提交请求。参照上述博文管理API接口开发方式，对博文点评的管理也可以直接在视图函数中增加一个继承APIView类，然后重写其get和post方法。参考如下代码：

```python
class BlogArticleViewSet(APIView):
    permission_classes = [permissions.IsAuthenticated]

    # 查询该用户登录后查看博文详情时所有的点评列表
    def get(self, request, id,*args, **kwargs):
        # 获取当前用户对象
        user = request.user
        # 查询当前id给定的博文对象
     try:
        blog = BlogArticle.objects.get(id=id)
        # 查询该博文的所有评论
        blog_commments = BlogComment.objects.filter(blog=blog).order_by('-created_at')
        # 序列化查询结果
        serializer = BlogCommentSerializer(blog_commments, many=True)
        return Response(serializer.data, 200)
     except Exception as e:
        return Response({'error': str(e),'code':400})

    # 该用户登录后针对某篇博文发布点评
    def post(self, request, id,*args, **kwargs):
        # 获取请求中的数据
        blog = request.POST.get('blog')         # 博文标题
        content = request.POST.get('comment')   # 评论内容
        # 对内容进行过滤审核
        abnormals=["杀人","放火","色情","赌博","反动","诈骗"]
        for word in abnormals:
            if word in content:
                # 如果发现不当言论，返回审核结果和处理建议
                return Response({'status': 'rejected', 'message': '内容包含不当言论，已被拒绝'})
        # 获取关联外键对象
```

```python
        blog_user = BlogUser.objects.get(username=self.request.user)
        blog_article = BlogArticle.objects.get(title=blog)
        try:
            # 保存评论
            comments = BlogComment.objects.create(blog=blog_article, commentor= blog_user, content=content)
            return Response({'message': 'successfully', 'code': 200})
        except Exception as e:
            return Response({'error': str(e),'code':400})
```

然后在api应用的urls.py路由配置中添加处理点评的路由：

```python
path("blog/comment/<int:id>/",BlogCommentsViewSet.as_view(),name="blog_comment"),
```

博文点评的前端请求方式和博文列表以及博文发布类似，先获取当前登录用户的token，然后提交token验证并使用GET或POST请求完成交互操作。以下为博文点评列表前端获取的参考代码：

```javascript
# 先获取token
fetch('http://127.0.0.1:8000/api/token/', {
    method: 'POST',
    headers: {
        'Content-Type': 'application/json',
    },
    body: JSON.stringify({
        "username":document.getElementById('username').value,
        "password":document.getElementById("password").value,
    }),
})
.then(response => response.json())
.then(data => {
            console.log(data)
    // 存储访问令牌和刷新令牌
    const accessToken = data.access;
    const refreshToken = data.refresh;
            // 获取某篇指定id的博文点评记录列表
            fetch('http://127.0.0.1:8000/api/blog/comment/1/', {
            method: 'GET',
            headers: {
                    'Authorization': 'Bearer ${accessToken}',
                    'Content-Type': 'application/json',
            },
    }).then(response => response.json())
    .then(data=>{
        console.log(data)
    })
})
.catch(error => console.error('Login error:', error));
})
```

博文点评的前端请求，只需修改一下请求方式为POST，然后给出点评的表单内容文本即可。读者可以自行尝试。

8.4 小结

本章介绍了博客系统的API接口开发过程和测试演示结果，实现了用户管理接口和博文管理接口的开发。限于篇幅，没有对前后端分离开发的前端部分进行实现，不过书中已经使用了原生的Javascript脚本进行API的测试，非常接近前端系统实现，读者可以在此基础上设计页面，并使用自己熟悉的Jquery框架或Vue.js来实现渲染显示。

第 9 章

ChatGPT 辅助 Django 博客系统测试部署

博客系统功能模块都开发完成后还需要进行系统综合测试,以发现可能存在的问题,并及时纠正优化,然后使用云服务器进行线上部署,迁移本地项目。本章就如何基于 ChatGPT 来实现博客系统的功能测试和设计测试用例进行了示范,同时就如何进行线上部署进行了详细讲解。

9.1 博客系统项目测试

在博客系统开发过程中，虽然每完成一个模块任务就进行了功能测试，但就系统整体而言，还是需要在所有模块都开发完成后进行统一的系统测试。如果项目是由一个团队协作完成的，就更应该进行完整测试，以保障系统在部署之后能够稳定运行。

9.1.1 软件项目测试概述

软件项目测试是针对整个产品系统进行的测试，目的是验证系统是否满足了需求规格的定义，找出与需求规格不符或与之矛盾的地方，从而提出更加完善的方案。发现问题之后要经过调试找出错误原因和位置，然后进行改正，这是基于系统整体需求说明书的黑盒类测试，应覆盖系统所有联合的部件。测试对象不仅包括需测试的软件，还包括软件所依赖的硬件和外设，甚至还包括了某些数据第三方软件及其接口等。比较常见的、典型的系统测试包括恢复测试、安全测试和压力测试。

软件项目测试遵循一个通用过程。此过程包括定义测试环境、开发测试用例、编写脚本、分析测试结果和提交缺陷报告。

测试可能非常耗时。对于小型构建，手动测试或临时测试可能就足够了。但是对于大型系统，通常会使用一些工具来自动执行任务。自动化测试可帮助团队实施不同的场景，测试差异化因素（例如，将组件迁移到云环境中），并快速获得关于哪些组件有效和哪些组件无效的反馈。

虽然软件项目测试的种类和步骤有很多，但主要包括下面的测试：

（1）功能测试：目的是保证软件满足预期需求，并能够按照设计要求正常运行。这是验证系统的各项功能是否按照需求规格书的要求正常工作，包括用户界面和业务逻辑等方面的功能测试。

（2）性能测试：旨在评估系统处理大量工作负载的能力，并能在各种条件下保持稳定的性能表现，包括响应时间、吞吐量和并发用户数等指标的测试。

（3）安全测试：检测系统的安全性，包括身份认证、权限控制和数据加密等方面的测试，以确保系统对潜在的安全威胁有所防范。

9.1.2 博客系统功能测试

本案例将直接使用自带的测试工具进行系统功能测试。下面以博客系统用户注册功能为例来说明软件项目测试的过程和方法。

（1）单元测试与测试用例。博客系统前端用户注册时使用了模态框技术提交表单信息到后端视图函数进行处理。以下为处理用户注册的视图函数：

```python
@csrf_exempt
def user_register(request):
    if request.method == 'POST':
        username = request.POST.get('username')
        password = request.POST.get('password')
        phone = request.POST.get('phone')
        if username and password and phone:
```

```
            try:
                user = BlogUser.objects.create_user(username=username, password=password,
phone_number=phone)
                return JsonResponse({'message': 'User registered successfully','code':1})
            except Exception as e:
                return JsonResponse({'error': str(e)}, status=400)
        else:
            return JsonResponse({'error': 'Username and password are required'}, status=400)
    else:
        return JsonResponse({'error': 'Only POST requests are allowed'}, status=405)
```

下面可以直接将上述代码复制到ChatGPT聊天对话框中,并补充说明要求对这个视图函数使用django.test.TestCase编写测试用例。以下为ChatGPT回复内容:

ChatGPT:

```python
from django.test import TestCase, Client
from django.urls import reverse
from django.contrib.auth.models import User
from myapp.models import BlogUser        # 假设BlogUser是你的用户模型

class UserRegisterTestCase(TestCase):
    def setUp(self):
        self.client = Client()

    def test_user_register_success(self):
        # 测试正常注册情况
        data = {
            'username': 'testuser',
            'password': 'password123',
            'phone': '1234567890'
        }
        response = self.client.post(reverse('user_register'), data, content_type='application/json')
        self.assertEqual(response.status_code, 200)
        self.assertEqual(response.json(), {'message': 'User registered successfully', 'code': 1})
        self.assertTrue(BlogUser.objects.filter(username='testuser').exists())

    def test_user_register_missing_data(self):
        # 测试缺少必要数据的情况
        data = {
            'username': 'testuser2',
            'password': '',    # 缺少密码
            'phone': '1234567890'
        }
        response = self.client.post(reverse('user_register'), data, content_type='application/json')
        self.assertEqual(response.status_code, 400)
        self.assertEqual(response.json(), {'error': 'Username and password are required'})
        self.assertFalse(BlogUser.objects.filter(username='testuser2').exists())

    def test_user_register_exception(self):
        # 测试异常情况
        data = {
```

```
                'username': 'testuser3',
                'password': 'password123',
                'phone': '1234567890'
            }
            # 模拟异常发生
            with self.assertRaises(Exception):
                response = self.client.post(reverse('user_register'), data, content_type='application/json')
```

在这些测试用例中：

test_user_register_success测试了正常注册情况，假设注册成功后会返回状态码200，且返回的JSON数据包含指定的信息，并且数据库中会存在对应的用户记录。

test_user_register_missing_data测试了缺少必要数据的情况，假设缺少用户名、密码等必要信息，注册会失败，并且返回的JSON数据包含指定的错误信息。

test_user_register_exception测试了异常情况，假设注册过程中发生异常，会正确地抛出异常。

参考上述代码，在项目users目录下的tests.py文件中输入上述内容后直接启动测试：

```
python manage.py test
```

第一次运行时会报出以下错误：

```
(venv) PS E:\gptblog> python manage.py test
Found 3 test(s).
Creating test database for alias 'default'...
Got an error creating the test database: (1044, "Access denied for user 'gpt'@'localhost' to database 'test_gptblog'")
```

从以上运行结果可以看出，系统测试时会自动创建一个数据库，而且使用原来的用户名gpt，这可能会遇到无法创建的问题。由于演示案例使用了PHPStudy提供的MySQL数据库服务，因此每个数据库都需要手动创建，无法自动创建测试数据库。解决方案就是基于PHPStudy手动创建这个测试数据库，数据库名为test_gptblog，用户名为test_gpt，密码为gpt123。

解决数据库权限问题后，继续在终端运行测试程序，此时终端提示如下：

```
(venv) PS E:\gptblog> python manage.py test
Found 3 test(s).
Creating test database for alias 'default'...
Got an error creating the test database: (1007, "Can't create database 'test_gptblog'; database exists")
Type 'yes' if you would like to try deleting the test database 'test_gptblog', or 'no' to cancel: yes
Destroying old test database for alias 'default'...
System check identified some issues:

System check identified 1 issue (0 silenced).
F.F
======================================================================
FAIL: test_user_register_exception (users.tests.UserRegisterTestCase)
----------------------------------------------------------------------
Traceback (most recent call last):
  File "E:\bh_proj\blogApp\gptblog\users\tests.py", line 44, in test_user_register_exception
    response = self.client.post(reverse('user_register'), data, content_type='application/json')
AssertionError: Exception not raised
```

```
================================================================
Traceback (most recent call last):
  File "E:\bh_proj\blogApp\gptblog\users\tests.py", line 19, in test_user_
register_success
    self.assertEqual(response.status_code, 200)
AssertionError: 400 != 200

----------------------------------------------------------------
Ran 3 tests in 0.235s
FAILED (failures=2)
Destroying test database for alias 'default'...
```

将上述提示的失败代码复制到ChatGPT中，提示用户注册的视图函数中的代码需要优化，包括增加异常抛出和使用JSON.loads方式将请求转换为字典处理，修改后，重新运行就测试通过了。优化后的代码参考如下：

```
@csrf_exempt
def user_register(request):
    if request.method == 'POST':
        data = json.loads(request.body)        # 优化获取数据方式
        username = data.get('username')
        password = data.get('password')
        phone = data.get('phone')
        if username and password and phone:
            try:
                user = BlogUser.objects.create_user(username=username, password=password, phone_number=phone)
                return JsonResponse({'message': 'User registered successfully','code':1})
            except Exception as e:
                return JsonResponse({'error': str(e)}, status=400)
                raise e      # 增加异常抛出
        else:
            return JsonResponse({'error': 'Username and password are required'}, status=400)
    else:
        return JsonResponse({'error': 'Only POST requests are allowed'}, status=405)
```

（2）设计测试用例。设计测试用例是指在软件开发过程中，针对软件系统的各个功能或者模块，设计出一系列测试案例，以确保软件系统能够按照预期的方式运行并达到预期的功能要求。测试用例通常包括输入数据、操作步骤和预期结果，用于验证软件系统在不同情况下的行为是否符合预期。组织好提示词模板让ChatGPT来帮助设计测试用例。

ChatGPT提示词模板：

☑博客系统可以让用户来发布自己的博文，需求如下，请帮我设计测试用例，加入场景和处理步骤，并以表格方式输出。

用户需要先登录网站，以便能够发布博文。
用户需要进入用户个人中心页面，找到发布博文按钮。
用户需要输入博文标题、博文分类、博文内容等信息，然后才能提交发布。
以下为ChatGPT给出的输出，内容很丰富，也符合测试的规定。

ChatGPT：

测试编号	测试目标	测试场景	测试步骤	预期结果
TC-001	用户登录功能	输入正确的用户名和密码	1. 打开登录页面 2. 输入正确的用户名和密码 3. 单击登录按钮	登录成功，页面跳转到用户个人中心页面
TC-002	用户登录功能	输入错误的用户名或密码	1. 打开登录页面 2. 输入错误的用户名或密码 3. 单击登录按钮	登录失败，显示错误提示信息
TC-003	用户登录功能	尝试使用未注册的用户名登录	1. 打开登录页面 2. 输入未注册的用户名 3. 输入密码 4. 单击登录按钮	登录失败，显示错误提示信息
TC-004	用户个人中心页面访问权限	用户已登录状态	登录用户进入用户个人中心页面	成功进入用户个人中心页面
TC-005	用户个人中心页面访问权限	用户未登录状态	未登录用户尝试进入用户个人中心页面	跳转到登录页面
TC-006	发布博文按钮查找	用户已登录状态	进入用户个人中心页面查找发布博文按钮	发布博文按钮可见
TC-007	发布博文按钮查找	用户未登录状态	未登录状态下查找发布博文按钮	发布博文按钮不可见
TC-008	发布博文功能	输入有效的博文标题、分类和内容	1. 进入用户个人中心页面 2. 单击发布博文按钮 3. 输入有效的博文标题、分类和内容 4. 单击发布按钮	博文发布成功，页面跳转到博客列表页面
TC-009	发布博文功能	输入无效的博文标题	1. 进入用户个人中心页面 2. 单击发布博文按钮 3. 输入空的博文标题 4. 输入有效的博文分类和内容 5. 单击发布按钮	博文发布失败，显示错误提示信息
TC-010	发布博文功能	输入无效的博文分类	1. 进入用户个人中心页面 2. 单击发布博文按钮 3. 输入有效的博文标题和内容 4. 选择无效的博文分类 5. 单击发布按钮	博文发布失败，显示错误提示信息
TC-011	发布博文功能	输入无效的博文内容	1. 进入用户个人中心页面 2. 单击发布博文按钮 3. 输入有效的博文标题和分类 4. 输入空的博文内容 5. 单击发布按钮	博文发布失败，显示错误提示信息
TC-012	发布博文功能	发布空内容的博文	1. 进入用户个人中心页面 2. 单击发布博文按钮 3. 输入有效的博文标题和分类 4. 不输入博文内容 5. 单击发布按钮	博文发布失败，显示错误提示信息

续表

测试编号	测试目标	测试场景	测试步骤	预期结果
TC-013	博文内容显示完整性	发布博文后，内容正确显示	发布博文后，查看博文详情页面	博文标题、分类和内容在页面中正确显示
TC-014	博文列表显示	发布博文后，博文列表中显示博文	查看博客列表页面	新发布的博文在博客列表中显示
TC-015	测试多用户场景	多个用户同时登录并尝试发布博文	1. 用户A登录并发布博文 2. 用户B登录并尝试发布博文	系统能够正确处理并区分不同用户的操作
TC-016	异常情况处理	网络断开或服务器异常	发布博文过程中，网络断开或服务器异常	系统能够正确处理异常情况并给出相应的提示信息
TC-017	异常情况处理	数据库异常或博文内容不符合要求	发布博文过程中，数据库异常或博文内容不符合要求	系统能够给出明确的错误提示信息
TC-018	测试安全性	越权访问其他用户的博文编辑页面	用户A登录并尝试访问用户B的博文编辑页面	系统能够正确拦截并给出权限错误提示

有了这些测试用例后，可以继续使用ChatGPT帮助生成测试代码。例如，选择TC-003和TC-006两个测试用例，ChatGPT生成的代码如下：

ChatGPT：

```python
from django.test import TestCase, Client
from django.urls import reverse

class UserAuthenticationTestCase(TestCase):
    def setUp(self):
        self.client = Client()

    def test_user_login_valid_credentials(self):
        response = self.client.post(reverse('login'), {'username': 'valid_user', 'password': 'valid_password'})
        self.assertEqual(response.status_code, 200)
        self.assertContains(response, "Login successful")

    def test_user_login_invalid_credentials(self):
        response = self.client.post(reverse('login'), {'username': 'invalid_user', 'password': 'invalid_password'})
        self.assertEqual(response.status_code, 200)
        self.assertContains(response, "Invalid credentials")

    def test_user_login_unregistered_user(self):
        response = self.client.post(reverse('login'), {'username': 'unregistered_user', 'password': 'password'})
        self.assertEqual(response.status_code, 200)
        self.assertContains(response, "User not found")

class PublishBlogTestCase(TestCase):
```

```python
    def setUp(self):
        self.client = Client()

    def test_publish_blog_button_visible_authenticated_user(self):
        # 假设用户已登录状态
        self.client.login(username='testuser', password='password')
        response = self.client.get(reverse('user_center'))
        self.assertEqual(response.status_code, 200)
        self.assertContains(response, "Publish Blog")

    def test_publish_blog_button_not_visible_unauthenticated_user(self):
        # 假设用户未登录状态
        response = self.client.get(reverse('user_center'))
        self.assertEqual(response.status_code, 200)
        self.assertNotContains(response, "Publish Blog")
```

可以将以上代码复制到blogs目录下的test.py文件中，继续使用之前的指令python mange.py test来运行这段测试代码。

9.2 博客系统项目部署上线

所有功能测试都完成后，就可以将博客系统项目部署到云服务器中正式投入运营。通过这种方式可以吸引更多的用户加入到博客系统，同时也将提供更多有价值的博文供浏览者阅读。实际上，本书提供的案例是知乎或CSDN博客系统的基础框架，但还需更多的网站设计及营销方法，才能达到目前博客系统的水平。

下面介绍使用云服务器实施项目部署的步骤。

9.2.1 云服务器环境准备

在4.6.2小节中已经介绍过云服务器的购买和基本使用步骤，这里不再赘述。笔者所用的服务器Ubuntu版本为Ubuntu Server 22.04 LTS 64bit，Python版本为3.10。下面以部署博客系统为例，需要做如下准备：

（1）MySQL数据库的安装和启动。打开终端，运行以下命令更新apt软件包索引：

```
sudo apt update
```

安装MySQL服务软件包：

```
sudo apt install mysql-server
```

安装完成后，MySQL服务会自动启动。可以运行以下命令来检查MySQL服务的状态：

```
sudo systemctl status mysql
```

然后在终端输入如下命令进入MySQL数据库，使用SQL命令操作数据库：

```
sudo mysql -uroot -p
```

用以上方法安装的数据库需要知道默认的用户名和密码，可以使用如下命令查看：

```
ubuntu@VM-16-15-ubuntu:~$ sudo cat /etc/mysql/debian.cnf
# Automatically generated for Debian scripts. DO NOT TOUCH!
[client]
host     = localhost
```

```
user     = debian-sys-maint
password = CVChpQm0MvseYCGa
socket   = /var/run/mysqld/mysqld.sock
[mysql_upgrade]
host     = localhost
user     = debian-sys-maint
password = CVChpQm0MvseYCGa
socket   = /var/run/mysqld/mysqld.sock
```

其中，user和password就是系统默认提供的用户名和密码。

下面尝试使用这个用户名和密码进行登录：

```
ubuntu@VM-16-15-ubuntu:~$ mysql -udebian-sys-maint -p
Enter password:
Welcome to the MySQL monitor.  Commands end with ; or \g.
Your MySQL connection id is 9
Server version: 8.0.36-0ubuntu0.22.04.1 (Ubuntu)
Copyright (c) 2000, 2024, Oracle and/or its affiliates.
Oracle is a registered trademark of Oracle Corporation and/or its
affiliates. Other names may be trademarks of their respective
owners.
Type 'help;' or '\h' for help. Type '\c' to clear the current input statement.
mysql>
```

成功登录后，直接创建一个数据库就可以完成数据库方面的准备。后续在Django项目的全局配置数据库部分，就可以直接使用上述用户名和密码，以及创建的数据库名。

```
mysql> show databases;
+--------------------+
| Database           |
+--------------------+
| information_schema |
| mysql              |
| performance_schema |
| sys                |
+--------------------+
4 rows in set (0.01 sec)
mysql> create database gptblog;
Query OK, 1 row affected (0.02 sec)
mysql>
```

如果读者所选用的操作系统为Centos或Windows，可以参考3.3.3小节中有关MySQL安装的内容来实现，也可以尝试使用Docker容器服务安装MySQL，具体步骤可以直接组织成提示词让ChatGPT给出详细方案。

（2）确认安装Python。在Ubuntu中默认安装了Python，在实际应用时，如果直接运行Python会报错，系统建议使用Python3。因此在终端执行Python3的命令就可以了解Python的版本。

```
ubuntu@VM-16-15-ubuntu:~$ python3
Python 3.10.12 (main, Nov 20 2023, 15:14:05) [GCC 11.4.0] on linux
Type "help", "copyright", "credits" or "license" for more information.
```

（3）创建项目虚拟环境。为了隔离项目依赖，也就是将本项目所需的依赖库单独组织存放，需要创建项目虚拟环境目录。首先使用apt命令安装venv：

```
ubuntu@VM-16-15-ubuntu:~$ sudo apt install python3.10-venv
```

然后执行如下命令创建项目虚拟环境：

```
ubuntu@VM-16-15-ubuntu:~$ python3 -m venv proj
```

其中，proj为虚拟环境的名称，后续所有项目的依赖都将放置在该目录下。

创建完成后，使用如下指令激活：

```
ubuntu@VM-16-15-ubuntu:~$ cd proj
ubuntu@VM-16-15-ubuntu:~/proj$ source bin/activate
(proj) ubuntu@VM-16-15-ubuntu:~/proj$
```

激活后会在命令行前面用（proj）方式标识。

9.2.2 项目代码 git 管理

下面介绍项目代码git管理。

（1）项目目录的移植。采用ftp上传或git下载两种方式可以实现项目目录的移植。ftp上传过程很简单，直接将本地Django项目的所有文件夹和文件通过ftp上传到服务器中创建的虚拟环境目录里即可。

这里介绍一下git操作。git是一个开源的分布式版本控制系统，最初由Linus Torvalds为了帮助管理Linux内核开发而创建。它主要用于跟踪文件的变化，以便多名开发人员在协同工作时能够有效地管理和协调对代码的修改。

github是一个代码托管仓库网站，开发团队可以在该网站中创建代码仓库，然后上传项目代码。每当有版本更新时，在标记后就可以直接上传到仓库中，这样团队开发人员都可以看到项目代码的变化过程。既然可以上传，也可以使用git来下载。下面使用提示词让ChatGPT给出git操作的基本步骤和代码。

ChatGPT提示词模板：

☑ 请给出git代码仓库管理指令的具体操作步骤，并给出示例代码。

ChatGPT：

以下是使用git进行代码仓库管理的一般步骤，以及相应的示例代码：

- 初始化仓库
步骤：在本地项目目录中使用git init命令初始化一个新的git仓库。
示例代码：
```
cd /path/to/your/project
git init
```

- 添加文件到暂存区
步骤：使用git add命令将文件添加到git的暂存区。
示例代码：
```
git add file1.py file2.py
```

- 提交文件到本地仓库
步骤：使用git commit命令将暂存区中的文件提交到本地仓库。
示例代码：
```
git commit -m "Add file1.py and file2.py"
```

- 推送到远程仓库
步骤：使用git push命令将本地仓库的修改推送到远程仓库。
示例代码：

```
git push origin main
```

- 拉取远程仓库变更
步骤：使用git pull命令从远程仓库拉取最新的修改到本地仓库。
示例代码：
```
git pull origin main
```

- 克隆远程仓库
步骤：使用git clone命令克隆远程仓库到本地。
示例代码：
```
git clone https://github.com/username/repository.git
```
以上是一些常用的git代码仓库管理指令及其操作步骤。通过这些指令，开发人员可以有效地管理和协作开发项目的代码库。

具体实施时，先在github网站或国内gitee网站上创建一个仓库，命名为gptblog，这里为了便于访问选择在gitee网站上创建。

以下为简易操作步骤：

```
git全局设置：
git config --global user.name "caoln2003"
git config --global user.email "caoln2003@126.com"
创建git仓库：
cd gptblog
git init
touch README.md
git add README.md
git commit -m "first commit"
git remote add origin https://gitee.com/caoln2003/gptblog.git
git push -u origin "master"
```

接下来，在本地Django项目目录下使用git命令，按照ChatGPT给出的步骤和上述简易操作步骤实现代码上传。

```
(venv) PS E:\gptblog> git init
Initialized empty Git repository in E:/gptblog/.git/
(venv) PS E:\gptblog> git add .
(venv) PS E:\gptblog> git commit -m "first version"
[master (root-commit) 3c22484] first version
 67 files changed, 1582 insertions(+)
(venv) PS E:\gptblog> git remote add origin https://gitee.com/caoln2003/gptblog.git
(venv) PS E:\gptblog> git push origin master
Enumerating objects: 75, done.
Counting objects: 100% (75/75), done.
Delta compression using up to 8 threads
Compressing objects: 100% (73/73), done.
Writing objects: 100% (75/75), 151.57 KiB | 8.92 MiB/s, done.
Total 75 (delta 10), reused 0 (delta 0), pack-reused 0
remote: Powered by GITEE.COM [1.1.0]
remote: Set trace flag 474ab181
To https://gitee.com/caoln2003/gptblog.git
 * [new branch]      master -> master
```

以上提示代码已经上传完毕，现在登录gitee代码仓库网站查看上传记录，如图9-1所示。

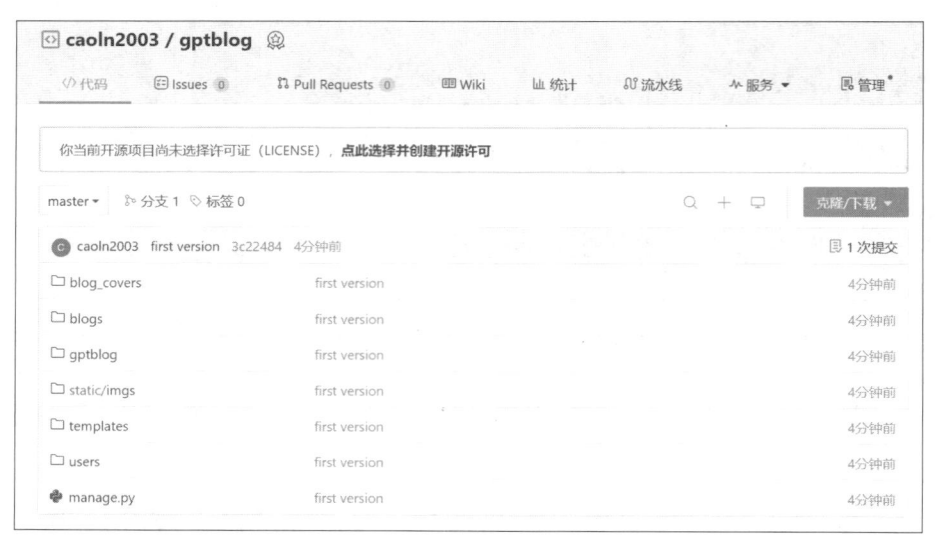

图9-1 代码托管上传演示

（2）项目依赖库移植。Python项目在运行过程中使用第三方库将项目依赖库移植时，可以直接在本地开发环境项目终端使用pip freeze>requirement.txt命令将所有依赖库都保存到requirements.txt文件中，然后到服务器上创建的项目虚拟环境中使用pip install -r requirements.txt命令完成依赖库的安装。

本案例使用git方式管理代码及文件，先生成依赖库文件，然后上传托管到仓库中实现命令如下，代码托管上传更新示意如图9-2所示。

```
(venv) PS E:\gptblog> pip freeze > requirements.txt
(venv) PS E:\gptblog> git add .\requirements.txt
(venv) PS E:\gptblog> git commit -m "add requirements.txt"
[master e079787] add requirements.txt
 1 file changed, 0 insertions(+), 0 deletions(-)
 create mode 100644 requirements.txt
(venv) PS E:\gptblog> git push -u origin master
Enumerating objects: 4, done.
Counting objects: 100% (4/4), done.
Delta compression using up to 8 threads
Compressing objects: 100% (3/3), done.
Writing objects: 100% (3/3), 574 bytes | 574.00 KiB/s, done.
Total 3 (delta 1), reused 0 (delta 0), pack-reused 0
remote: Powered by GITEE.COM [1.1.0]
remote: Set trace flag e04b1d8c
To https://gitee.com/caoln2003/gptblog.git
   3c22484..e079787  master -> master
branch 'master' set up to track 'origin/master'.
```

（3）云服务器git克隆代码。下面在云服务器上使用git clone命令将上述所有代码文件下载下来。具体实现命令如下：

```
(proj) ubuntu@VM-16-15-ubuntu:~/proj$ git clone https://gitee.com/caoln2003/gptblog
Cloning into 'gptblog'...
remote: Enumerating objects: 78, done.
remote: Counting objects: 100% (78/78), done.
remote: Compressing objects: 100% (76/76), done.
```

```
remote: Total 78 (delta 11), reused 0 (delta 0), pack-reused 0
Receiving objects: 100% (78/78), 152.07 KiB | 1.81 MiB/s, done.
Resolving deltas: 100% (11/11), done.
```

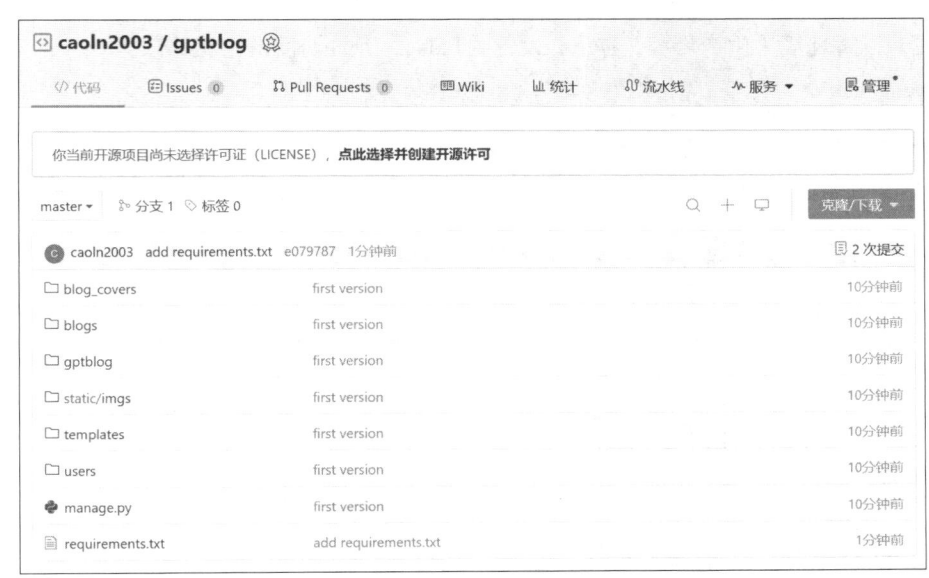

图9-2 代码托管上传更新示意

9.2.3 项目配置修改及模型迁移

现在已将所有本地代码移植到云服务器上。在正式部署之前，还需要安装项目依赖库修改相关配置。

（1）安装依赖库。直接在虚拟环境中的项目目录下使用pip install -r requirements命令就可以安装本地环境中的所有第三方依赖。

```
(proj) ubuntu@VM-16-15-ubuntu:~/proj/gptblog$ pip install -r requirements.txt
```

其中，mysqlclient库的安装会出现报错，因为在Linux中安装时，还需要安装其他环境依赖。具体安装指令如下：

```
$ sudo apt-get install python3-dev default-libmysqlclient-dev build-essential pkg-config
```

然后使用pip命令安装：

```
$ pip install mysqlclient
```

如果操作系统环境为Centos或Red Hat，则使用以下命令配置环境：

```
% sudo yum install python3-devel mysql-devel pkgconfig
```

（2）修改相关配置。首先，修改数据库的配置，使用云服务器上数据库的账号和密码，以及数据名称：

```
DATABASES = {
    'default': {
        'ENGINE': 'django.db.backends.mysql',
        'NAME': 'gptblog',                      # 数据库名称
        'USER': 'debian-sys-maint',             # MySQL用户名
        'PASSWORD': 'CVChpQm0MvseYCGa',         # MySQL密码
```

```
            'HOST': 'localhost',              # MySQL主机地址（默认为localhost）
            'PORT': '3306',                   # MySQL端口号（默认为3306）
        }
}
```

然后，设置环境为生产环境，Debug设置为False，允许访问的主机修改为*：

```
DEBUG =False

ALLOWED_HOSTS = ['*']
```

（3）静态资源文件的访问配置。对于静态资源文件的管理，需要添加一行代码：

```
import os
STATIC_ROOT = os.path.join (BASE_DIR, 'static')
```

同时修改Django项目的gptblog目录里的urls.py文件，设定全局访问静态资源文件方式。具体代码如下：

```
from django.conf import settings
from django.contrib import admin
from django.views import static as sta
from django.urls import path, include, re_path

urlpatterns = [
    path('admin/', admin.site.urls),
    path('',include('products.urls')),
    re_path(r'^static/(?P<path>.*)$', sta.serve, {'document_root': settings.STATIC_ROOT}, name='static')        # 新增
]
```

最后，使用如下命令完成资源文件的收集管理：

```
(proj) ubuntu@VM-16-15-ubuntu:~/proj/gptblog$python manage.py collectstatic
```

（4）模型迁移。由于生产环境中的数据库是全新的配置，因此之前项目在本地开发环境中所做的那些迁移日志需要删除，这样才能在新的数据库中创建所有模型。首先在项目的users和blogs目录下的migrations子目录中，删除之前所有的操作文件，然后回到项目根目录下进行模型迁移：

```
(proj) ubuntu@VM-16-15-ubuntu:~/proj/gptblog$ python manage.py makemigrations
System check identified some issues:

Migrations for 'blogs':
  blogs/migrations/0001_initial.py
    - Create model BlogArticle
    - Create model BlogCategory
    - Create model BlogComment
    - Create model BlogStats
  blogs/migrations/0002_initial.py
    - Add field username to blogarticle
    - Add field category to blogarticle
    - Add field blog to blogcomment
    - Add field commentor to blogcomment
    - Add field blog to blogstats
Migrations for 'users':
  users/migrations/0001_initial.py
    - Create model BlogUser
```

```
(proj) ubuntu@VM-16-15-ubuntu:~/proj/gptblog$ python manage.py migrate
System check identified some issues:
Operations to perform:
  Apply all migrations: admin, auth, blogs, contenttypes, sessions, users
Running migrations:
  Applying contenttypes.0001_initial... OK
  Applying contenttypes.0002_remove_content_type_name... OK
  Applying auth.0001_initial... OK
  Applying auth.0002_alter_permission_name_max_length... OK
  Applying auth.0003_alter_user_email_max_length... OK
  Applying auth.0004_alter_user_username_opts... OK
  Applying auth.0005_alter_user_last_login_null... OK
  Applying auth.0006_require_contenttypes_0002... OK
  Applying auth.0007_alter_validators_add_error_messages... OK
  Applying auth.0008_alter_user_username_max_length... OK
  Applying auth.0009_alter_user_last_name_max_length... OK
  Applying auth.0010_alter_group_name_max_length... OK
  Applying auth.0011_update_proxy_permissions... OK
  Applying auth.0012_alter_user_first_name_max_length... OK
  Applying users.0001_initial... OK
  Applying admin.0001_initial... OK
  Applying admin.0002_logentry_remove_auto_add... OK
  Applying admin.0003_logentry_add_action_flag_choices... OK
  Applying blogs.0001_initial... OK
  Applying blogs.0002_initial... OK
  Applying sessions.0001_initial... OK
```

接下来,创建一个超级管理用户:

```
(proj) ubuntu@VM-16-15-ubuntu:~/proj/gptblog$ python manage.py createsuperuser
System check identified some issues:
用户名: hp
电子邮件地址:
Password:
Password (again):
Superuser created successfully.
```

9.2.4 项目部署上线

首先,使用Django框架启动服务的方式启动部署的系统:

```
(proj) ubuntu@VM-16-15-ubuntu:~/proj/gptblog$ python3 manage.py runserver 0.0.0.0:8000
Performing system checks...

February 23, 2024 - 09:31:38
Django version 5.0.1, using settings 'gptblog.settings'
Starting development server at http://0.0.0.0:8000/
Quit the server with CONTROL-C.
```

然后,在浏览器上输入云服务器的IP地址和8000端口号,尝试访问后端管理系统首页和博客系统首页,如图9-3和图9-4所示。

图9-3 后端管理系统首页显示

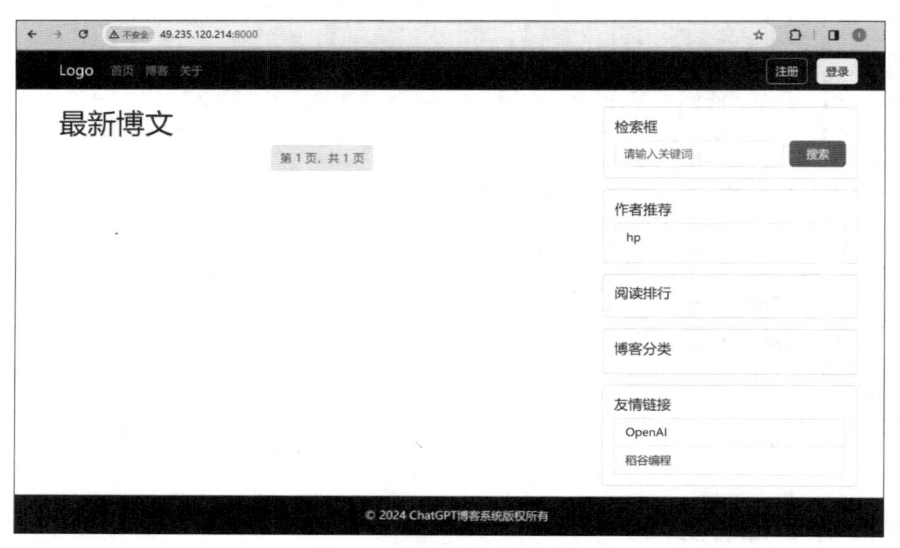

图9-4 博客系统首页显示

从图9-4中可以看出，项目是可以正常访问的。但因为目前博客系统中还没有注册用户和相关文章发布，所以还需要有真正的用户注册并发布博文，才可以有完整的内容。

接下来，使用Gunicorn部署生产项目，同时加入nohup指令，使得服务进程能够在服务器后台持续运行（参考4.6.3小节）。

```
(proj) ubuntu@VM-16-15-ubuntu:~/proj/gptblog$ nohup gunicorn gptblog.wsgi:application -w 4 -b 0.0.0.0:8000 &
nohup: ignoring input and appending output to 'nohup.out'
```

由于案例中的资源文件基本上都是网络链接，因此实际部署中并没有使用Nginx来做Web服务器，有兴趣的读者可以自行尝试。

9.3 小结

本章介绍了博客系统项目案例的系统测试环节和云服务器部署过程。系统测试是项目正式部署之前必须要做的环节,通过测试可以找出问题,甚至可以优化代码。在测试之后就可以进行正式部署了。部署过程有些细节比较烦琐,如各种配置和数据库的迁移等,但只要按照步骤实施,都可以顺利完成。在部署环节有些过程也可以组织提示词让ChatGPT给出参考,但实际场景中还是需要不断积累经验。